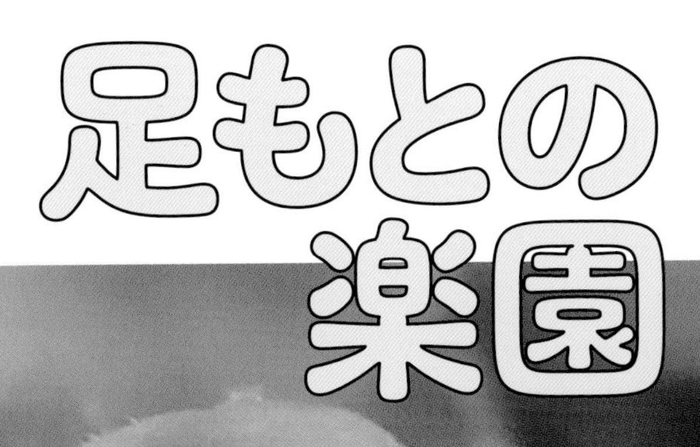

# 足もとの楽園

## ちっちゃな生き物たち

写真・文 ぺんどら

さくら舎

# はじめに

この本の主役である「ちっちゃな生き物」とは、おもに土壌動物と呼ばれる生き物たち。冬眠など一時的に滞在するものを除き、ある一定期間もしくはその一生を土の中で生活する動物たちのことだ。

土の中にはよく知られるミミズやダンゴムシなどの比較的に大きく見つけやすい土壌動物以外にも、トビムシやダニなどの目を凝らさないと見つけられない体長２ミリ程度の小さな土壌動物が多種多様に存在している。生態が謎に包まれている種類も多く、まだまだ未知の動物たちである。

森林内の土壌には、おとな１人の片足あたりの面積にトビムシで500個体、ダニでは3300個体も生息しているといわれている。実際にはムラがあるものの、森に入ったときに踏みしめる足もとに無数の小さな土壌動物が暮らしていることを想像してみてもらいたい。

私がそんな土の中の小さな生き物たちの暮らしに興味を持ったのは、粘菌という生き物を観察し始めたのがきっかけだ。

粘菌がつくる不思議で美しい世界を観ていると、それを食べに集まるトビムシの存在に気がついた。それまで微小な土壌動物は、屋外で土を採取して持ち帰り、実験室で顕微鏡を覗いて観察するものと思い込んでいたので、自然の中で動き回るトビムシたちのいきいきとした姿に「こんなふうに生きているんだ！」と夢中になった。

森の中で時間を忘れて観察し、集中しすぎてふと気づくと、夜が更けるどころか夜が明けていたこともあった。また、撮影中に気配を感じて、振り返ると、まだ幼いタヌキの兄弟に「変な生き物がいるな」と自分が観察されていたことも……。

粘菌やきのこ、苔や地衣類がつくりだす異世界ともいえる不思議で美しい空間に生きる小さな生き物たちの暮らしに、すっかり魅了された。

私はいろんな生き物の姿かたちを綺麗に撮りたいというよりは、多種多様な生き物が共存している空間やその生きざま（死にざま）を撮りたい。自分の好みの生き物だけを見たいのではなくて、生き物に自分の価値観を超えて“魅せられたい”と願っている。

生き物は種類によってかわいいもの、醜いものと決まっているわけではなく、すべての要素が含まれていると考えている。さまざまな視点で生き物を見つめ、その魅力を自分で発見していくものだと思う。

土壌動物たちは姿も動きもユーモラスなものが多く、新しい出会いがあるたびにさまざまな気づきを与えてもらえることがとても楽しい。

しかし、ダニなどよくないイメージを持たれている土壌動物も多く、それが原因でその魅力を知る機会を遠ざけているのかもしれない。

人には何かしら苦手なものがあり、「生き物が好き」という人でも苦手とする生き物が少しはあるだろう。

私も20年ほど前まではそうであったが、不幸な出会い方をしたり他人から嫌悪を植えつけられたりした生き物でも、よい影響を受ければ、けっこう簡単に平気になることも少なくない。

苦手意識で凝り固まらずに「よい出会いがあればコロッと変わるかも」と思っておくと、生き物に魅了されやすくなる。

本書を手に取ってくださった方には、ぜひとも開かれた心でご覧いただきたい。本書がそういったよい出会いの場となれたなら幸いである。

ぺんどら

はじめに……1

## 第1章 粘菌に暮らす

かわいいイボトビムシの仲間……6
よじのぼるマルヒメキノコムシ……12
不思議の国のトビムシたち……18
粘菌をモグモグするカタツムリ……25
小さな生き物たちのパラダイス……30
粘菌の世界は危険がいっぱい……38
粘菌世界の捕食者たち……45
解説1 小さな生き物と粘菌は持ちつ持たれつ……50

## 第2章 いのちめぐる菌世界

トビムシたちはきのこ好き……52
おさんぽするダニとマイマイ……60
怪獣アカハライモリあらわる！……64
一面の菌世界、または菌の砂漠……68
小さな〝モスラ〟キノコバエの幼虫……74
冬虫夏草と土壌動物が果たす「物質循環」……78
菌類と水滴の不思議ワールド……84
解説2 小さな生き物を育む菌世界……90

## 第3章 苔のオアシスでひと休み


倒木の苔の上をチョロチョロ……92
ガガンボに乗るヤリタカラダニ……96
ゆっくりペースで生きてます……100
木の苔や地衣類にいる忍びの者……104
街なかの苔にもいるよ！……108
解説3 街の小さな大自然、苔・地衣類……112


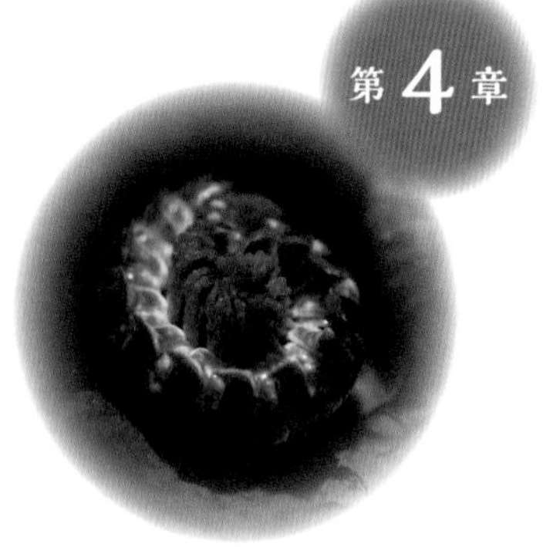

## 第4章 地上と地下のドラマ


地面の上は大にぎわい……114
生と死はめぐる……120
落ち葉の下でも雪の上でも……122
小さな"王蟲(オーム)"たち……124
不思議な体が魅力的……129
解説4 生き物の生と死が交錯する地面……132


## 第5章 土と水をつなぐ


水辺の天使オドリコトビムシ……134
落ち葉の上の湖……138
流水域の生き物たち……144
陸域と水域のつながり……148
解説5 混ざり合う境界の世界、つなぐ生き物たち……152

小さな生き物代表「トビムシ＆ダニ」のすごさ！……153
参考文献・謝辞……158

第1章

# 粘菌に暮らす

粘菌ナミウチツノホコリは細かく枝分かれした先に胞子を作るが、その様は雪で白くなった森のよう（山梨７月）

# かわいいイボトビムシの仲間

子実体を作っている粘菌ツノホコリの間を通り抜けようとするイボトビムシ（体長約２ミリ）。この後つっかえてしまい通り抜けられなかったが、そういうスマートでないところが観ていて和む。トビムシには跳躍器があるが、この種はそれが退化しているので跳べない（山梨８月）

これから子実体へと変形するために出てきた粘菌ツヤエリホコリ（白い粒）で覆いつくされた倒木。中央の赤い点はそれを食べにきたイボトビムシ（山梨８月）

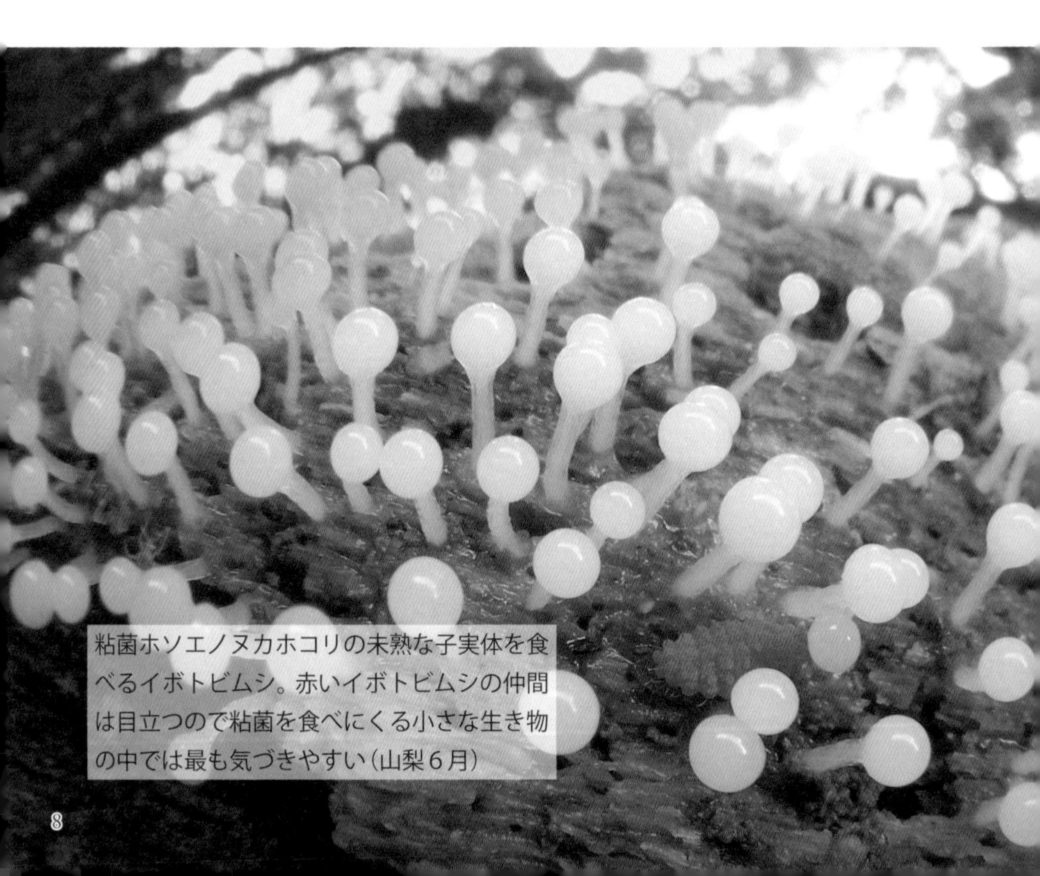

粘菌ホソエノヌカホコリの未熟な子実体を食べるイボトビムシ。赤いイボトビムシの仲間は目立つので粘菌を食べにくる小さな生き物の中では最も気づきやすい（山梨６月）

子実体へ変形途中の粘菌タマツノホコリに集まるイボトビムシたち。イボトビムシの仲間はもっぱら変形体や胞子ができる前の未熟な子実体が好み（山梨６月）

ホソエノヌカホコリの子実体にまだ硬い子嚢壁（しのうへき）（膜）ができていないからか、このイボトビムシ（体長約２ミリ）は丸ごと食べていた（山梨６月）

未熟なヌカホコリを食べるヤマトビムシの一種（体長約２ミリ）。ヤマトビムシはイボトビムシ科に属し、イボトビムシ同様に粘菌によく集まる（山梨10月）

右頁上：ホソエノヌカホコリの未熟な子実体を食べに来たヤマトビムシ。脚を大きく伸ばし、食べるぞという強い意気込みを感じる（山梨７月）
右頁中：硬い子嚢壁は残して中身だけを吸い取るように食べるため、子実体はどんどんしぼんでいく
右頁下：右側は変形途中にヤマトビムシに食べられてしまったもの。魂を抜かれたような姿に…

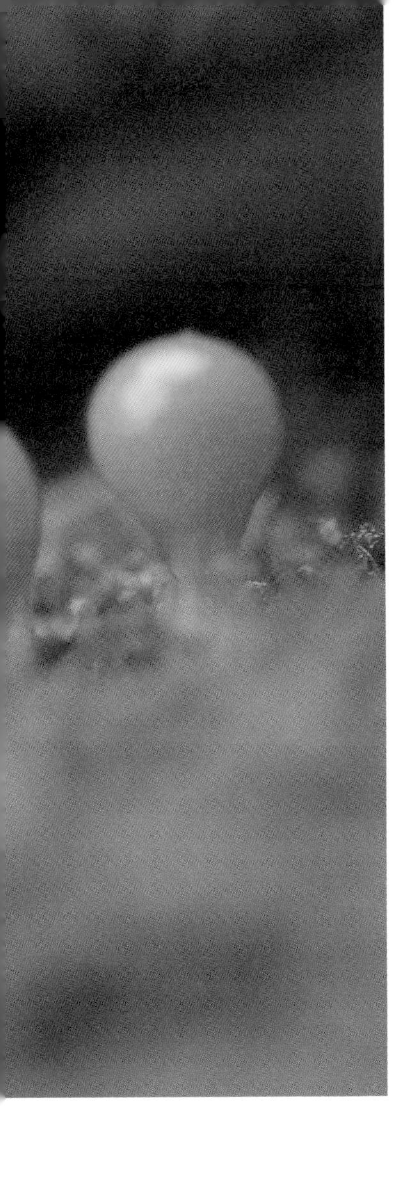

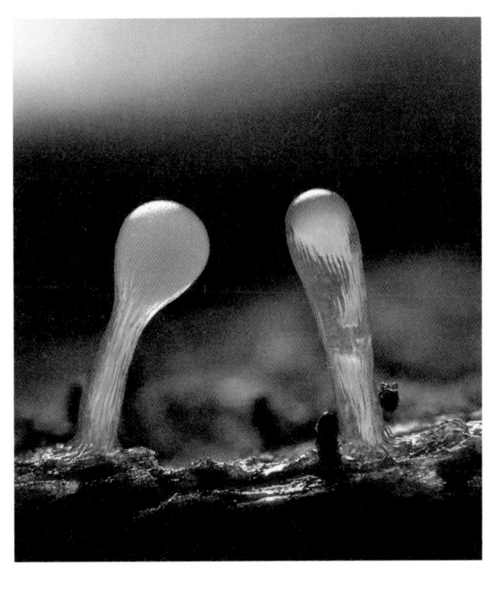

# よじのぼる
# マルヒメキノコムシ

粘菌ウツボホコリを食べるマルヒメキノコムシ（体長２ミリ弱）。体にその赤い胞子がついている。ウツボホコリの根元にはタカラダニの仲間がチョロチョロしていた（山梨８月）

シロウツボホコリの胞子で真っ白になったマルヒメキノコムシ。マルヒメキノコムシの体表は粘菌の胞子が付着しやすく、粘菌にとっては胞子を拡散してくれる存在かもしれない（山梨８月）

ムラサキホコリの仲間の子実体に登るマルヒメキノコムシ。上の個体はすっかり胞子にまみれている（山梨８月）

中の胞子がまだ完成していない状態で齧られてしまったのでマメホコリの中身が飛び出している（山梨８月）

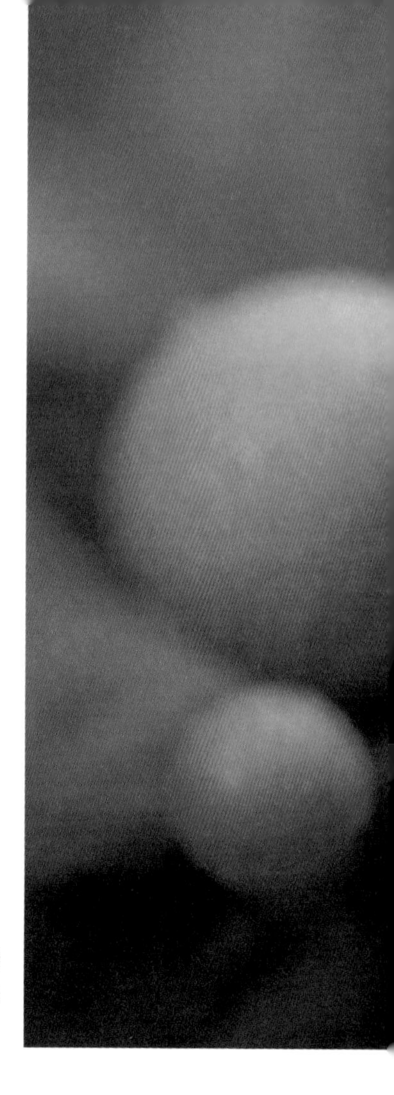

マメホコリの未熟な子実体を食べようとしているマルヒメキノコムシ（山梨８月）

マルヒメキノコムシに齧られて中身が飛び出してしまった姿が目玉やたんこぶのよう。面白いオブジェ姿のマメホコリを見つけると、マルヒメキノコムシの作品だなと思う

齧られていなくても、胞子を乾燥するためか、子実体から水滴を出すことがある。まるで鼻ちょうちんを出して眠っているようだ（山梨 5 月）

# 不思議の国のトビムシたち

子嚢（しのう）にひびが入り胞子を飛ばす段階になったモジホコリの仲間（高さ約1.5ミリ）。よく見ると小さなマルトビムシがその割れ目から胞子を食べていた（山梨９月）

粘菌モジホコリの仲間の子実体の根元で何かを食べ歩いていたトゲトビムシの一種（体長約1.8ミリ）。この種類は粘菌が這（は）った後に残る老廃物や子実体になるときに出る変形膜という糊（のり）のようなものを食べることがある（山梨９月）

ホソエノヌカホコリの未熟な子実体を食べに来た、まだ小さなセグロマルトビムシ。成虫は体長２ミリ弱になる（山梨８月）

ホソエノヌカホコリの未熟な子実体を食べる赤いタテヤママルトビムシの類似種（体長約３ミリ）。硬い子嚢壁を残して食べていた（山梨６月）

しっとりとした高級チョコレートのようなオオムラサキホコリの子実体。シママルトビムシ（体長約２ミリ）が食べている様子を観ていると美味しそうに見えてくる（山梨7月）

密集するトビゲウツボホコリを食べるアヤトビムシの一種（体長約２ミリ）。粘菌の未熟な子実体の上を歩くとどんな感触なのだろう（山梨５月）

ムラサキホコリの未熟な子実体に登って食べているマルトビムシと、下で倒れたものを食べているイボトビムシ。粘菌に来るマルトビムシの仲間は器用に登り降りできるが、イボトビムシはムラサキホコリなどの細い柄を移動するのは苦手なようだ（山梨10月）

倒木に生えたコムラサキホコリの仲間を夢中で食べているケハダシワクチマイマイ。粘菌を食べにくるカタツムリの仲間は未熟な子実体をよく食べ、子実体の柄の部分は残すことが多い（奄美大島６月）

口をこちらに見せてモグモグし、ご満悦な様子

粘菌シロウツボホコリを食べている小さなカタツムリ（体長約４ミリ。山梨７月）

粘菌をモグモグ
するカタツムリ

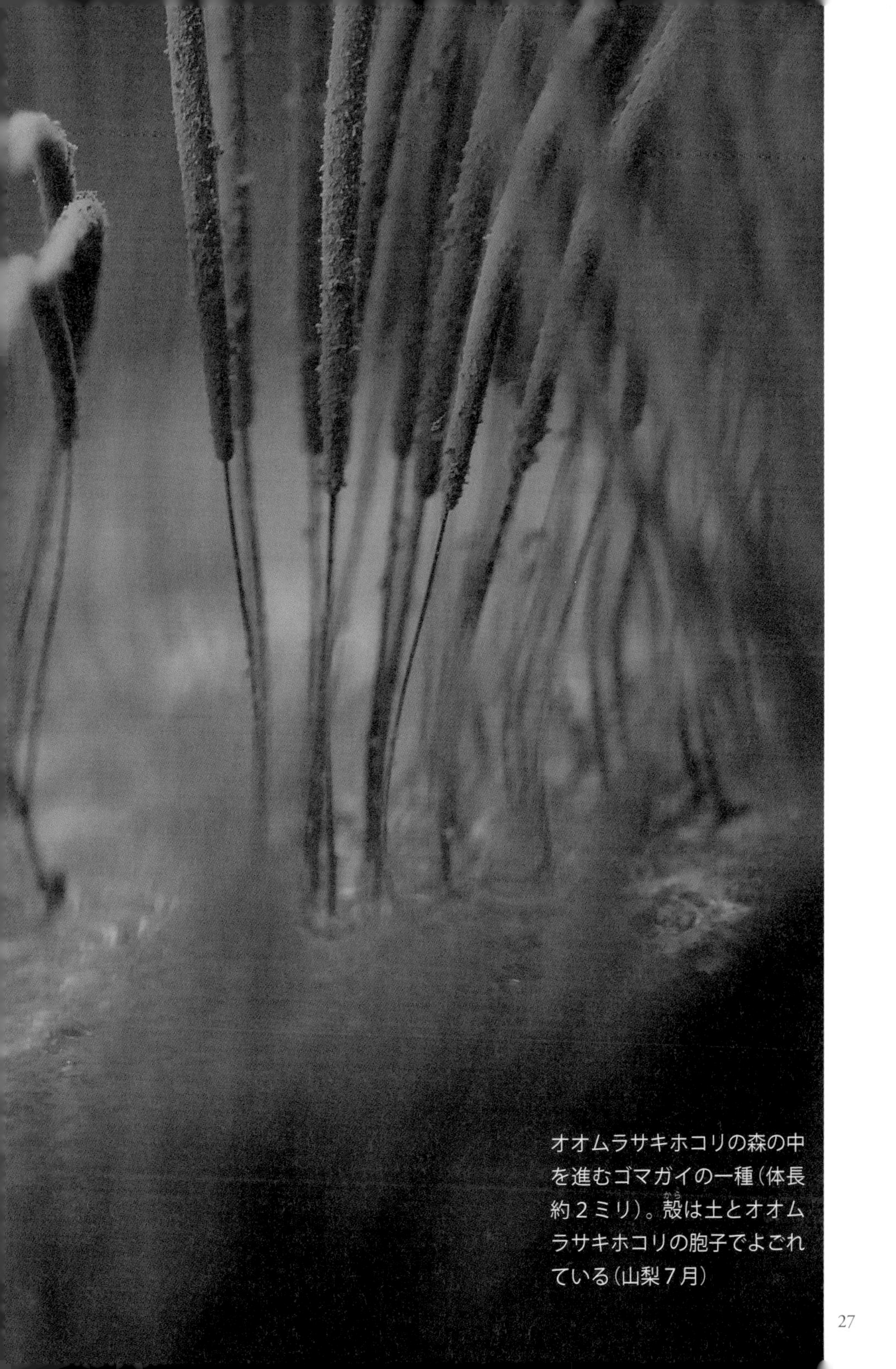

オオムラサキホコリの森の中を進むゴマガイの一種（体長約２ミリ）。殻は土とオオムラサキホコリの胞子でよごれている（山梨７月）

おちょぼ口でコムラサキホコリを
食べるヤマナメクジ（山梨６月）

胞子がついて口のあるところが
わかりやすくなった

子実体になる途中の未熟なムラサキホコリを食べる大きなヤマナメクジ。大食漢で、この後白い変形途中のものはすべて食べてしまったが、完成して乾いたムラサキホコリはあまり食べなかった。体が乾燥してしまうからだろうか（山梨６月）

イボトビムシと白い粘菌を食べているベニボタルの幼虫。ベニボタルの幼虫はイボトビムシ同様に未熟な子実体や変形体を好むため、両者が並んで食べていることも多い。おとなしい怪獣と小動物が一緒にいるようで、観ていて癒される（山梨８月）

食べた胞子が透けて見えている

ムネアカテングベニボタルの成虫。ベニボタルはホタルと名がついているがホタルとは別のグループの甲虫（こうちゅう）で発光はしない。体内に毒を持ち、成虫は派手な赤色の種類が多い（山梨４月）

# 小さな生き物たちのパラダイス

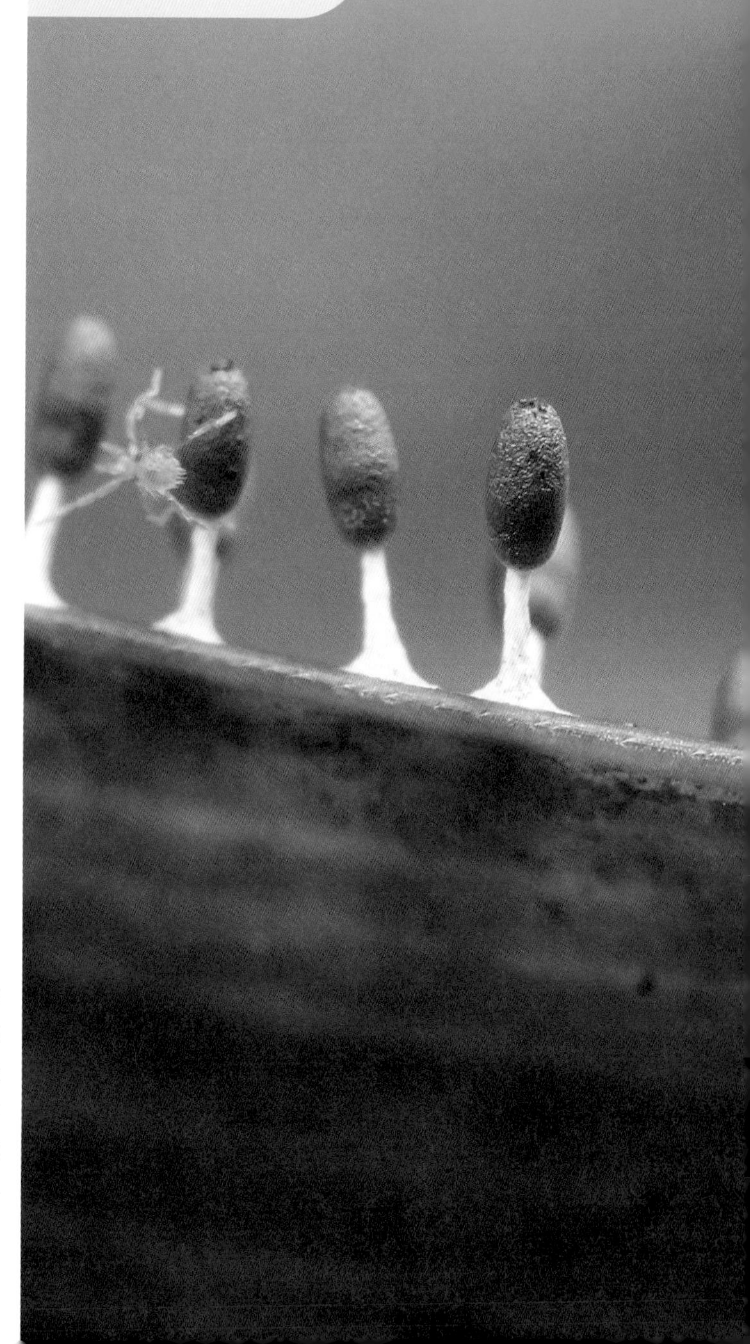

メタリックな虹色の光沢を放つジクホコリの子実体。その上をせわしなくタカラダニの仲間（体長約1.2ミリ）が行き来していた（山梨７月）

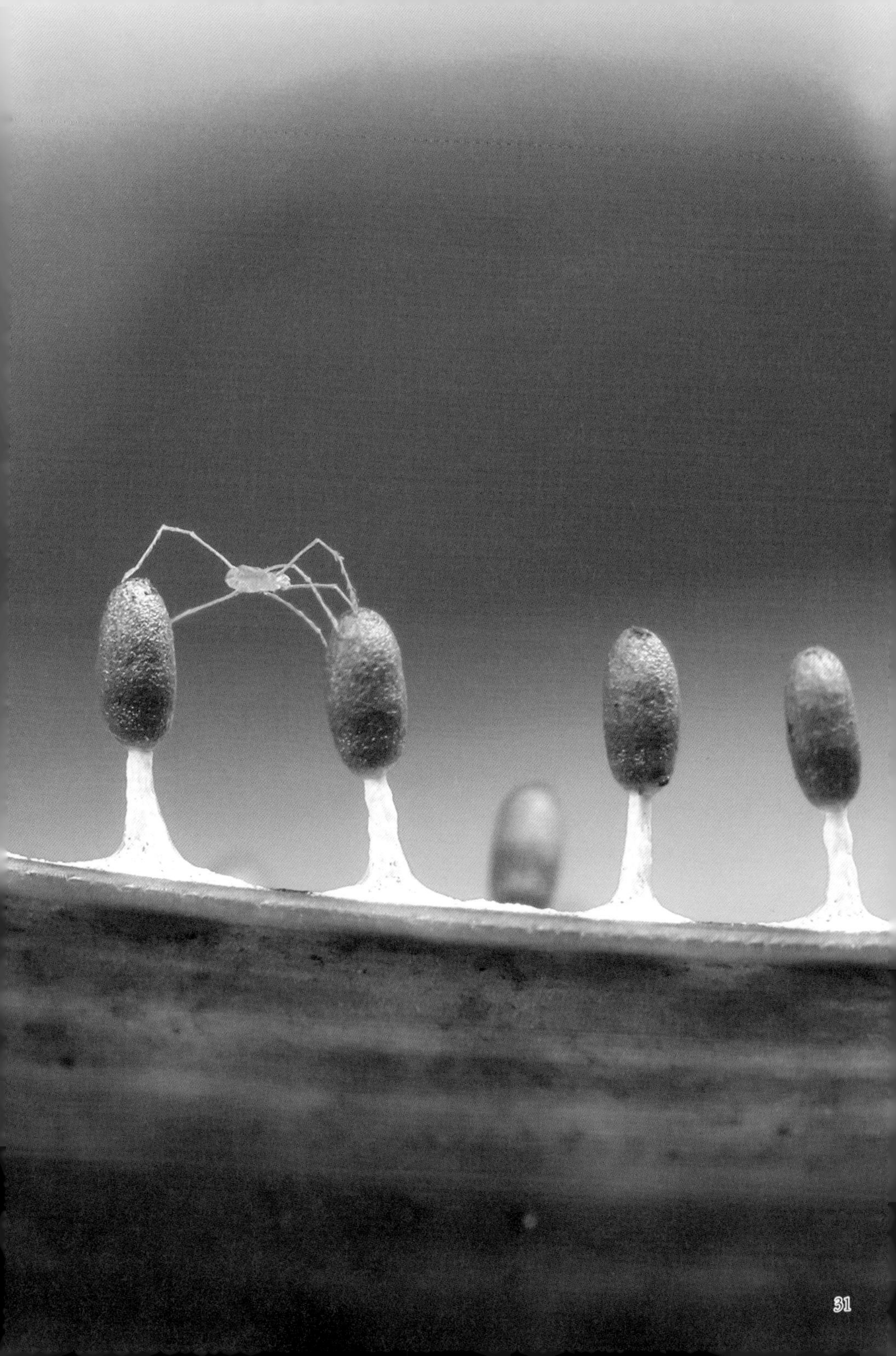

粘菌ヘビヌカホコリの中でおとなしくしていたアミメマルチビダニ（体長約1.8ミリ）の一種。この個人スペースが落ち着くのだろうか…（山梨９月）

奇妙な網目模様の子実体をつくるヘビヌカホコリ。非常に丈夫な子嚢壁を持ち、雨の当たらない場所では子実体が１年近く残ることもある（山梨８月）

粘菌ナミウチツノホコリの森
を行くシロハダヤスデの一種
（体長約15ミリ。山梨８月）

シロハダヤスデの
一種の全体像

ツヤエリホコリに器用に登り胞子を食べていたケシデオキノコムシの幼虫（体長約1.6ミリ。山梨８月）

子実体が乾いてスポンジ状の細毛体が飛び出たホソエノヌカホコリの胞子を食べるケシデオキノコムシの一種（体長２ミリ弱。山梨６月）

粘菌カミノケホコリの仲間の未熟な子実体とハエ目と思われる幼虫。あまり見慣れない生き物が粘菌世界にいると、より不思議な空間になる（山梨３月）

子実体になるために出てきたであろうアミホコリの仲間の灰色の変形体。その中でそれを食べていたタマキノコムシの一種（体長２ミリ弱。山梨７月）

アミホコリの子実体を食べるタマキノコムシの一種（山梨７月）

モジホコリの森の中のピンク色のテナガハシリダニたち（体長1ミリ弱）。左にはアミメマルチビダニと思われる白いダニも。両者はきのこや粘菌を観ているとよく見かける（山梨７月）

# 粘菌の世界は危険がいっぱい

大量に出てきたカンボクツノホコリの中に閉じ込められてしまったゴマガイの一種（体長約２ミリ）。粘菌は子実体を作るのに何時間もかかるが、動きの遅い生き物にとってはあっという間かもしれない（山梨７月）

森の精霊たちという印象のエダナシツノホコリ（山梨７月）

エダナシツノホコリに足を取られて動けなくなってしまったモンツキヒメマルトビムシ（体長１ミリ弱）。ツノホコリの仲間の子実体は非常にくっつきやすいらしく、事故に遭う小さな生き物たちが後を絶たない（山梨６月）

カンボクツノホコリの子実体はイソギンチャクの触手のようになりくっつきやすい。動きの遅いマエハラハカマカイガラムシ（体長約２ミリ）が凍りついたように中に閉じ込められてしまっていた（山梨７月）

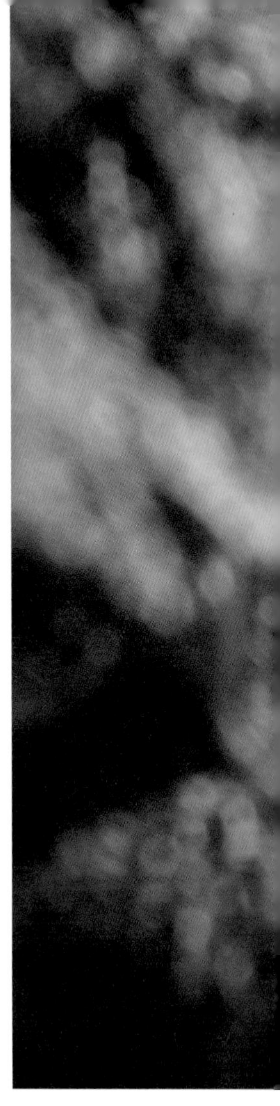

ツヤエリホコリの胞子を包む銀色の子嚢壁は時間が経つとペリペリと剥がれる。近くを通ったキノコバエ類の幼虫に子嚢壁が張りつき銀色になってしまった（山梨８月）

倒木を白く覆うカンボクツノホコリ。ツノホコリの仲間は一度に大量に子実体を作ることがあり、夏に雪が積もったかのように見えることも（山梨６月）

未熟なタマツノホコリの子実体にくっついてしまい身動きがとれなくなったタカラダニの一種（山梨７月）

倒木の下側に逆さに生えた粘菌には水滴がつきやすく、カビや寄生菌が生えることが多い。粘菌は菌類にも食べられる（山梨７月）

シロウツボホコリに生える白いピン状のものは粘菌に寄生するきのこ（学名：Polycephalomyces tomentosus）。ジュズダニの仲間（体長約1.5ミリ）が、このきのこの子実体を食べに来た様子。カビやきのこが生えることでそれを目的に集まってくる生き物もいる（山梨７月）

左頁下の粘菌に寄生するきのこに、カビに侵されたと思われるタマバエの一種がついており、そこにさらに別のタマバエが止まっている。複雑な生き物同士のやりとりがある（山梨９月）

銀色に埋め尽くされたツヤエリホコリ（子実体の高さは１～2.5ミリ）の世界に現れたハエトリグモの仲間。小さなクモだが、この世界では大きな存在（山梨８月）

# 粘菌世界の捕食者たち

キイロツノホコリが生えている倒木の陰で、イボトビムシの仲間がこの粘菌を食べている。その上をゆっくりとタテヅメザトウムシの一種が通り過ぎていった。このザトウムシの体長は２ミリ弱（岩手６月）

クモノスホコリが生える倒木にいたコアシダカグモと目の前を通過するケシデオキノコムシの一種（体長２ミリ弱）。粘菌に集まる虫たちは小さすぎるのか、大きなクモの獲物にはならないようだ（山梨８月）

トビムシを捕らえたウロコアリ（体長約２ミリ）。この状態ではトビムシ自慢の跳躍器（トビムシの尻尾のように見える部位）で逃げることはできない（山梨６月）

イボトビムシは体に強い刺激を受けると粘性のある液体を分泌する。これが外敵に効き目があるのか、イボトビムシを食べる捕食者をまったく見たことがない（山梨４月）

ダイダイホネホコリの子実体が生える倒木でテングダニの一種（体長２ミリ弱）がトビムシを捕らえていた。小さな捕食者たちも粘菌に集まる生き物を狙ってこの世界を徘徊（はいかい）している（山梨10月）

ダイダイホネホコリのオレンジ色の子嚢壁は花弁のように裂け、中の茶色い胞子を見せる（山梨10月）

シママルトビムシを捕食するテングダニの一種。尖った口吻を獲物に突き刺して捕らえる（山梨10月）

解説1

## 小さな生き物と粘菌は持ちつ持たれつ

土の中で暮らす小さな生き物たちを土壌動物といい、ダニやトビムシ、ミミズ、ムカデなど多種多様なものがいる。

彼らが暮らす環境には粘菌（変形菌）という不思議な生き物がおり、アメーバのように動いて生活する変形体という形態から、子孫を残すための子実体というきのこのような姿に形を変えて、落ち葉や倒木の表面を一変させることがある。

その変化は一夜にして起こり、そこに粘菌という餌を求めて小さな生き物が集まる光景はまるでお祭りのようで観ていて飽きない。

子実体は成熟して胞子を放出すれば役目を終えるため、粘菌がつくる世界は２週間もすれば崩れてなくなることがほとんど。

粘菌を食べて暮らすマルヒメキノコムシはその短い期間内に、子実体を見つけて産卵し数日で幼虫が孵化、幼虫は１週間ほどで成長して蛹化し、その数日後には羽化するという早いサイクルで粘菌に合わせて生きている。

ふだん落ち葉の下や朽ち木の隙間にいるイボトビムシは、子実体になるために現れた変形体に釣られて表に顔を出し、夢中で食べる。居所を暴くとすぐに逃げてしまうイボトビムシだが、このときは驚かさなければ自然な姿を観察することができる。

イボトビムシは粘菌の変形体と未熟な子実体を好んで食べるので、粘菌にとっては、胞子を遠くに運んでくれる可能性のあるマルヒメキノコムシに比べてお邪魔な存在だ。

彼ら種間の相互作用が、粘菌の子実体形成の順序や子嚢壁の構造、子実体の形に影響を与えているのかもしれない。

子実体の形は粘菌の種類によってさまざまで、そこに集う生き物の種類も微妙に異なっているようだ。色とりどりな粘菌の子実体には小さな生き物とのやりとりの結果が表れているのだろう。

# 第2章

# いのちめぐる菌世界

倒木の上の粘菌(ねんきん)ときのこと苔(こけ)。これらを利用する小さな生き物の種類には違いがあり、ミクロに異なる環境を作っている（山梨９月）

# トビムシたちは<br>きのこ好き

イソギンチャクの触手のようなきのこの表面を齧っていたシママルトビムシ（体長２ミリ弱。山梨６月）

紫色のきのこの柄を登るシママルトビムシ（山梨９月）

上：傘が崩れたタマゴタケは美味しそうなスイーツのよう。よく観ると、シママルトビムシ（体長２ミリ弱）が食事中だった。シママルトビムシはきのこでよく観察できるトビムシで、その存在に気づけると妙なうれしさがある。下：卵の殻（から）のような外被膜（がいひまく）から出てきたタマゴタケ（山梨８月）

倒木を覆いつくすイヌセンボンタケ。周囲の倒木からも一斉に生えており、その名の通り千本ありそう。こういう場所を見つけると「トビムシはいないかな」と顔を近づけてチェックしていく（山梨10月）

イヌセンボンタケの半透明な柄を渡るタテヤママルトビムシの類似種の幼体（体長約2ミリ。山梨6月）

チシオタケのパラソルを登るビロウドマイマイは、きのこや粘菌をよく食べる色黒なカタツムリ。その先にはシママルトビムシもいる（山梨９月）

スナック菓子のようなスズメタケに乗るヒシガタトビムシの一種（体長約２ミリ）。この後ピョン！　とジャンプした。トビムシは高いところに登ってソワソワすると跳んでしまうことが多い（山梨10月）

ビョウタケと思われる黄色い盤菌(ばんきん)を食べるモンツキヒメマルトビムシ（体長１ミリ弱。山梨11月）

ムラサキゴムタケの一種と思われるハムのようなきのこを食べるタテヤマママルトビムシの類似種（体長約３ミリ。山梨11月）

ネス湖の怪獣（マメザヤタケと思われるきのこ）に
挑むマルトビムシ（山梨６月）

# おさんぽする ダニとマイマイ

アラゲコベニチャワンタケの毛の上を楽しそうに動き回っていたハシリダニの一種（左。体長約0.5ミリ）と、その近くでじっとしていたアミメマルチビダニの一種。ダニにも落ち着きのない種類もいればおとなしいものもいる（山梨10月）

ナヨタケの仲間と思われるきのこについていたフリソデダニの一種（体長１ミリ未満）。体の両側に振り袖のような、翼状突起という脚をカバーする部位を持つのが特徴で、ミニチュアの多脚ロボットのように見える（山梨４月）

沢の倒木に密集して生える白いきのこ。そこをゆっくり通り過ぎていく水滴をたくさんつけたビロウドマイマイと、手前で脚のお手入れをしていたテナガハシリダニの一種（体長１ミリ未満。山梨９月）

サルノコシカケの一種に集まるコブスジツノゴミムシダマシ（中央。体長約８ミリ）とキセルガイ（右）たち。コブスジツノゴミムシダマシの顔は兜をかぶった陽気なドワーフ（こびと）のようで、笑っているように見える

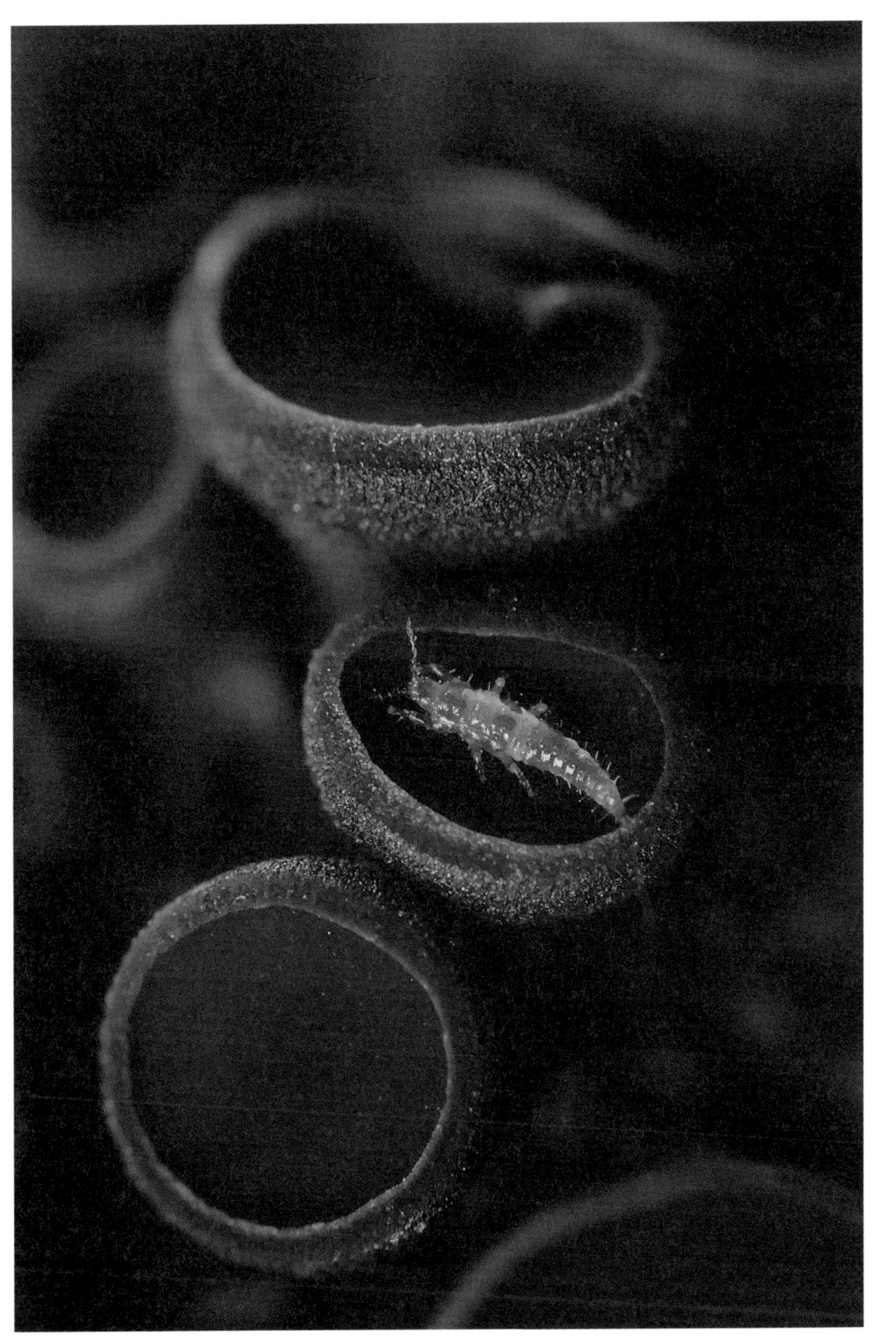

渋い色合いのコケイロサラタケに類似するきのこに収まっていた派手な体色のクダアザミウマの一種の幼虫（体長１ミリ強。山梨８月）

# 怪獣アカハライモリあらわる！

アカハライモリがきのこに集まる土壌動物を食べに来た様子を撮ったとても珍しい観察記録。上：倒木に生えるネンドタケと思われるきのこにやってきたアカハライモリ。左頁下：アカハライモリがやってきた倒木の全景。ここにカメラを設置して観察すると、寒くなるまでこのあたりを2週間近くもウロウロし、きのこに集まる小さな虫を食べ歩いていた（山梨10月）

きのこのベッドで休んでいたがヤスデに起こされてしまったアカハライモリ。
ヤスデは食べないのだろうか…

右頁上：何かを探すようにきのこを凝視して歩く
右頁中：アカハライモリはこのきのこの世界では怪獣のような巨大な存在
右頁下：舌を伸ばして何かを食べたアカハライモリ

# 一面の菌世界、<br>または菌の砂漠

菌類に覆われた世界に、キラキラと輝く２つの羽化殻（羽化した後の抜け殻。全長約３ミリ）が残されていた。蛹の状態で動いて、このきのこを突き破って出てきたのだろう。自然の芸術品（山梨９月）

菌世界の荒野をゆく透明なハエ目の幼虫。糸か粘液状のもので通った跡がわかる（山梨10月）

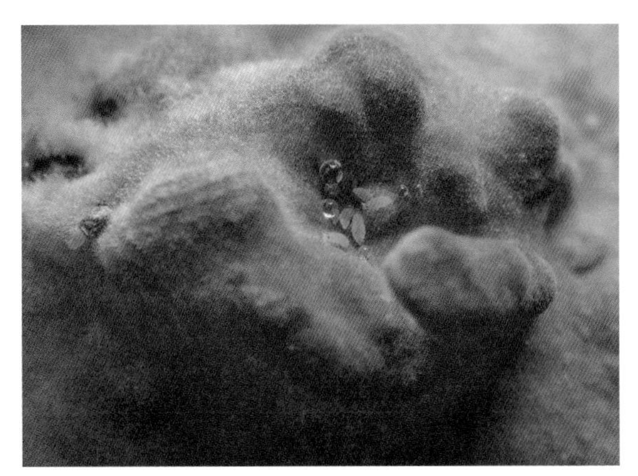

ヒシガタトビムシの一種がチラホラと住み着き、高台のくぼみに集落ができた。このトビムシがいる場所では水滴がよく見られた（山梨10月）

左頁上：倒木に広がる紫色の菌類はスミレウロコタケ（コウヤクタケの仲間）などのきのこと思われる。その上を列になって進むフリソデダニの一種たち（体長１ミリ未満。山梨６月）
左頁下左：倒木表面の苔を覆う薄紫色の菌類から苔の先が飛び出て、かわいいオブジェに（山梨９月）
左頁下右：毛羽立った紫色の菌類はやがて粘土のようになり、倒木を覆って一面の菌世界になった（山梨９月）

菌世界の柔らかくなったところにデオキノコムシの幼虫（体長約８ミリ）が住み始めた。棒状の自分の糞を器用に組んで巣のようにしており、そこにトゲダニの仲間（左）が居候しているのか、まわりをチョロチョロしていた（山梨５月）

ニホンリクウズムシ属の一種（体長約20ミリ）がデオキノコムシの幼虫を襲う。口は先端の頭部にはなく胴体にあり（獲物とつながっている白い部分）、そこで獲物を食べる

菌世界に現れたニホンリクウズムシ属の一種。ソバカスのように並ぶ眼点が特徴的

シート状の菌類を食べるキノコバエ類の幼虫。粘液で体を包んでいたり、自分の排泄物を載せる習性がある。成長したものはてんこ盛りに載せている（下：山梨９月、右：山梨７月）

# 小さな“モスラ”キノコバエの幼虫

倒木に薄く広がる白い菌類をお掃除ロボットのように食べるキノコバエ類の幼虫（体長約1.3ミリ）。食べ進んだ跡が道になっている（山梨11月）

クロヒラモモキノコバエもしくは同属のキノコバエの蛹室（全長約７ミリ）。種類によって蛹室の作りは異なるが、これは隣に生えている粘菌の存在も相まって異星人の住居のような独特な雰囲気。蛹室の上に粘菌の子実体（しじつたい）が作られることも多い

住人のキノコバエが羽化し空き家となった蛹室を食べるミミズ。カビが生えて美味しくなったのだろうか、ほとんど食べてしまった（山梨８月）

左頁上：キノコバエが蛹（さなぎ）になるとき、体に載せていたものを加工して蛹室（ようしつ）にしている様子。糸を使って蛹室に通気口のようなものを作る（山梨７月）
左頁下：黄色い綿のような菌類を食べ歩き、その菌を体にまとって海老天のようになったキノコバエ類の幼虫（体長約４ミリ）。尻尾のような部分は脱皮殻がそのままくっついているのだろう（山梨３月）

# 冬虫夏草と土壌動物が果たす「物質循環」

洞窟でコウモリの糞から出ていたケカビの一種。
そこにトビムシ（体長約1ミリ）がやってきた（岩手6月）

植物の種子が混ざる獣の糞から生えていたアオカビ属菌

綿棒のように伸びた先にコナダニの一種（体長0.3ミリ弱）と思われるダニたちが集まっていた（山梨 7月）

ハエカビの一種に寄生されたハエの仲間が倒木に張りついていた。ハエカビは宿主を殺した後、体外に菌糸を伸ばして胞子を作る

カメラを設置して経過を観察したが、アカムカデの一種に全部食べられてしまった（山梨７月）

ガガンボに寄生したハエカビを食べるマルトビムシ（体長約３ミリ）。ハエカビはわりと人気な菌類らしい（山梨９月）

冬虫夏草の一種に寄生されたクモ。宿主であるクモの脚先は菌糸で石に固定され、その腹部に黄色い子嚢（胞子を作る袋状の器官）が形成されていた。よく観るとジュズダニの一種（体長１ミリ）が数匹歩き回っていて、菌に覆われた部分を食べていた。その後、数日間ジュズダニやトビムシが入れ替わり訪れた。ここは彼らの休憩スポットや雌雄の出会いの場になっているのかもしれない（山梨３月）

アオオサムシに寄生した冬虫夏草オサムシタケから伸びる子実体（しじつたい）。その先にシママルトビムシ（体長約２ミリ）が登り子実体を食べていた（山梨７月）

上：オオアリの仲間に寄生する冬虫夏草イトヒキミジンアリタケに、さらにマユダマタケ（白い子実体）が寄生している状態。アリの前脚の隙間から、ジュズダニが顔を出している（山梨９月）
下：ジュズダニは体の上に細かいゴミを載せる習性がある。緑色のゴミを背に、ジュズダニはアリから伸びるイトヒキミジンアリタケを登り白いマユダマタケへ…。宿主のアリのエネルギーがイトヒキミジンアリタケからマユダマタケへ移り、それをジュズダニが食べる。菌類は死骸などを分解して、大きな生き物から小さな生き物へ資源の再分配をする「物質循環」の役割を果たしている

# 菌類と水滴の不思議ワールド

きのこの水滴に琥珀(こはく)のように美しく閉じ込められたクモ。きのこにつく水滴は抜け出しにくいのかもしれない（山梨７月）

倒木から生える外灯のような不思議な菌類とシママルトビムシ（体長約２ミリ）。この菌類は無性生殖をする不完全菌と思われる（山梨９月）

細長い柄の先に胞子を含むと思われる水滴をつけ、その姿がよく粘菌と間違われる。不完全菌は地衣類（菌類と藻類の共生体）ともよく似ており、調べるのが難しい

不完全菌があると異世界のような不思議な空間がつくられ、そこを行く小さな生き物もどこか未知の生命体のように見えてくる（山梨９月）

不完全菌の水滴にチマダニの一種（体長約１ミリ）が閉じ込められている。この水滴は粘性があって抜け出せなかったのだろう（山梨９月）

ネンドタケの幼菌と思われるきのこから出る水滴。きのこは子実体を作る過程で代謝のためか水滴を出すことがある（溢液現象）

きのこにつく水滴はしばしば集まる虫の水牢
となり殺してしまうことがある（山梨８月）

解説２

## 小さな生き物を育む菌世界

本章で扱う「菌類」とはきのこやカビのことで、土壌中で動物が消化しきれなかったものや、落ち葉や倒木などの植物遺体を分解する「分解者」として知られる。分解され小さな分子へと還った物質は植物の養分として再利用される一方、分解によって増えた菌類は土壌動物が栄養分として利用する（食物連鎖を通じた物質循環）。

陸のプランクトンといわれるほど数が多いトビムシの仲間は菌類をよく食べるが、菌糸はある程度食べられることで逆に成長が促進（代償成長）されることが知られている。しかし、あまりにもたくさん食べられてしまうとその関係は崩壊してしまうため、トビムシもまたカニムシなどの捕食者に食べられることで菌糸の成長はよくなるのだろう。

実際にきのこを観ているとトビムシなどの菌食者のほかにウロコアリやテングダニなどの捕食者も徘徊しているが、さらに土壌動物たちにとっては怪獣のような存在のイモリまで現れることもある。

菌類には、捕食寄生して昆虫などを殺してしまう冬虫夏草と呼ばれるきのこもいる。このような動物に寄生する菌類は怖いと思われがちだが、トビムシなどの小さな生き物にとっては、自分たちの捕食者であるクモなどを菌類という食物に変換して、エネルギーを再分配してくれる存在でもある。

生物同士の関係性や物質循環の流れは１つではなく、見えないところでもっと複雑に絡み合っている。人間が目にする菌類の姿のほとんどは生殖器官である子実体（いわゆるきのこ）だが、その地下には菌糸が張り巡らされた世界が広がる。きのこは目に見えない菌世界のやりとりを多彩な色や形で可視化して伝えているのかもしれない。

きのこを見つけたらそこにいる小さな生き物の存在にも目を向けて、見えない世界を想像してほしい。

# 第3章

# 苔のオアシスでひと休み

雨水を受けてみずみずしく輝く苔。苔の世界は乾湿により大きく雰囲気を変えるが、美しい姿を観るならば雨の後の数日間が見頃になる

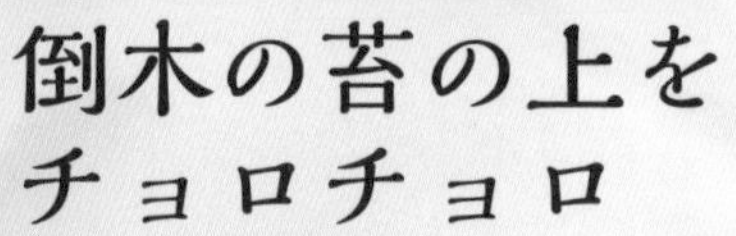

# 倒木の苔の上を<br>チョロチョロ

上：苔の世界でよく目にするミドリハシリダニの一種（体長約１ミリ）。特徴的な赤い脚を持ち、苔上をチョロチョロと駆け回る（山梨５月）
左頁：ミドリハシリダニの仲間はよく体に水滴を載せており、その様が愛らしく見えるが、じつは肛門（こうもん）が背中にあり水滴は排泄（はいせつ）物。体毛に引っかかってそのままいくつも載せていることもある（奈良10月）

上段左：チョウチンゴケの仲間の葉に乗るマルトビムシの一種（体長約1.7ミリ）。マルトビムシ類は種類によって独特な模様を持つものが多く、発見する楽しみがある（山梨５月）。上段右：アオギヌゴケの仲間の葉を歩くウズタカダニの一種（体長約1.5ミリ）。硬い外殻で自分の脱皮殻を背負う習性があり、背中が木の年輪のようになるのが特徴。下段左：シュルツェマダニと思われるマダニの一種（体長約３ミリ）。体についている光沢のあるゴマ粒のようなものはコナダニのヒポプス（第２若虫）で、生育条件が悪いと飢餓（きが）に耐えられるこの形態になり他の虫などに付着して別の環境へ移動する（吸血はしない）。このマダニは体にダニがつく気持ちがわかっただろうか…。下段右：便乗相手を探して移動中のコナダニの一種のヒポプス（体長0.5ミリ以下。山梨７月）

山中の沢沿いにある苔に覆われた倒木。倒木はさまざまな小さな生き物が利用して生活している（山梨５月）

上：苔の胞子体に登るアブラムシの一種（体長約2ミリ）。先端の蒴が4裂して胞子を飛ばす状態に。
下：このアブラムシの一種は初夏になると苔の胞子体を登り脱皮や羽化をする光景をよく目にする。少し高い場所が都合がよいのだろう（山梨5月）

# ガガンボに乗るヤリタカラダニ

1初夏の夕刻、苔から出てきた木彫りの民芸品のようなガガンボの蛹(さなぎ)。蛹の状態でもよく動くことができる（山梨５月）。2蛹から出てきたガガンボの成虫。碧(あお)い複眼と透き通った体が姿を現す。3脚を脱ぐ直前。後ろではすでに羽化した別の個体が飛び立つ。4飛び立つ準備段階。大きく広げた脚は仏像の後光のようで神秘的。

5羽化したてのガガンボの背に見えるオレンジ色の物体。6ダニが乗っていた。ヤリタカラダニの一種で、幼虫がガガンボに乗り込み寄生する習性がある。反応が鈍くなる羽化を狙って登るのだろうか…。7たくさんのヤリタカラダニを背負ったガガンボ。ガガンボを捕まえたとたん、ヤリタカラダニたちはポロポロと落ちた。ガガンボに危険が迫ると共倒れしないようすぐに離脱できるようだ

みかんのような丸々としたヤリタカラダニの一種の成体（体長約２ミリ）。ある種のヤリタカラダニの成体は苔や腐植物にいるハエ目(もく)の幼虫を食べるとされる。前頁のようにガガンボに便乗するのは、移動力のとぼしい彼らが餌場や新天地へ運んでもらうのにいい手段なのだろう（山梨６月）

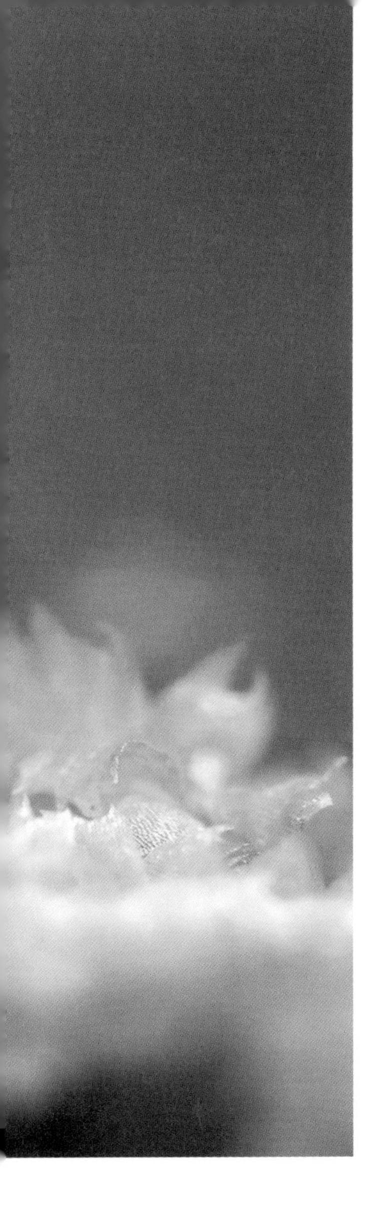

自由生活(他の生き物に寄生しないこと)をするヤリタカラダニの一種。つつくと脚を畳んで丸くなり死んだふりのような状態に。傾斜のあるところでは転がって見失うこともあり、捕食者から逃げるには効果的である(山梨10月)

# ゆっくりペースで生きてます

苔の中をゆっくりと歩行中、苔の蒴柄にぶつかったマエハラハカマカイガラムシ。そのまま固まってしまい、再び動き出すまでにかなりの時間を費やした。自分もこのぐらいのペースで生きていきたい（山梨８月）

マエハラハカマカイガラムシの体は平たく眼は小さい。貝殻でできた亀の甲羅のような構造の硬い体を持つ（体長約２ミリ）。そのためか動きは非常に緩慢だ

枯葉を利用した蓑(みの)に入ったイモムシが苔の上を移動していた。蓑の上に黄色いダニが乗っている（山梨５月）

アリに襲われてしまうが、すぐさま蓑に隠れてやり過ごす。アリは蓑に噛みつき獲物になるか確かめていたがあきらめて立ち去り、イモムシはまた顔を出して苔の世界を進んでいった。森の地表にある倒木上では、初夏にこうした蓑をつくるチョウ目の幼虫をよく見かけた

うかつにもニホンリクウズムシ属の一種に触れてしまったアリ。体表の粘液で体の自由が奪われる。この後アリはリクウズムシに攻撃するが、噛みつこうとしても粘液に邪魔されてできなかった。獲物をからめとれる体は、昆虫など節足動物を襲うにも身を守るにも有効だ（山梨11月）

左、右：第２章でも登場したニホンリクウズムシ属の一種。苔の世界でも見かけることは多く、妙なキャラクター性があり観ていて飽きない（山梨９月）

## 木の苔や地衣類にいる忍びの者

光に照らされる繭(まゆ)から飛び出たコマダラウスバカゲロウの透明な羽化殻。繭に脱出孔をつくるときにオレンジ色のニッパーのような顎(あご)を使うのだろう（山梨8月）

羽化したコマダラウスバカゲロウ。ドラゴンを思わせるこの姿勢は羽化で翅(はね)を伸ばすときにしか見られない。前脚についた水滴が宝玉のように輝いていた

ヒノキの樹皮につくレプラゴケの一種（地衣類）。そこをよく観るとアリジゴクのような幼虫がいた。コマダラウスバカゲロウの幼虫（体長は最大約10ミリ）で、体にレプラゴケを付着して擬態し大顎を開いて獲物を待ち伏せる（山梨５月）

樹木で生活するアヤトビムシの一種を捕らえたコマダラウスバカゲロウの幼虫（山梨６月）

クリの木の樹皮につく苔と地衣類。こういう環境に住み着く小さな生き物たちがいる（山梨９月）

上：タムラフサヤスデは頭の先が黒く、そこが大きな鼻のように見える（山梨11月）。中：フサヤスデの仲間の尾端にある毛束は産卵時に卵を包むのに使われるが、刺激を受けるとこの毛束を振り上げて威嚇（いかく）するような行動をとる。下：タムラフサヤスデとモンツキヒメマルトビムシ（体長１ミリ弱）。フサヤスデはヤスデの中では小さい方だが、それでも多くのトビムシよりは大きい

タムラフサヤスデ（体長約３ミリ）は苔や地衣類の生える木の樹皮で暮らす。フサヤスデの仲間は他のヤスデのグループと違い硬い外骨格に覆われておらず、体表に毛が生えているのが特徴（山梨11月）

# 街なかの苔にもいるよ！

著者の自宅裏に広がるゼニゴケ（下）。その雄器床に乗るオカダンゴムシ（体長約13ミリ）。最もよく知られる土壌動物であるオカダンゴムシはおもに民家の周囲で見られ、街なかの苔でも目立つ（山梨６月）

苔や地衣類は山中や古びた神社仏閣だけでなく、アスファルトの上や公園、ブロック塀やタイルの隙間など街なかの至るところに生息スポットがある。水の流れをコントロールされた人工物の構造もちゃっかり利用して生きている。そこでは小さな生き物たちも暮らしている（山梨６月）

右頁上左：ギンゴケの葉先を歩くムラサキトビムシの一種の幼体（体長0.5ミリ以下）。街なかでよく見られるギンゴケは微小な生き物たちのオアシス（山梨６月）。右頁上右：ギンゴケの上を歩くカイガラムシの幼虫と思われる小さく平たい昆虫。右頁中左：ギンゴケの仮根部にいた生まれたばかりの幼体と思われる透明なマルトビムシ（体長0.5ミリ以下）。右頁中右：ギンゴケでよく見られた赤い斑紋（はんもん）が特徴のダニ（体長0.5ミリ以下）。右頁下：ゼニゴケ雄器床の表面を食べ歩いていた小さなマルトビムシ類の一種（体長約0.5ミリ）

解説3

## 街の小さな大自然、苔・地衣類

地衣類は苔などの植物に見えるが、藻類と共生する菌類の仲間で、分類上はまったく別の生き物。これらは同所で見られることも多いため、本章では一緒に紹介した。

地衣類は意識して探すと、街なかでも意外と存在している。そんな地衣類を利用するコマダラウスバカゲロウは体に地衣類（レプラゴケの仲間）を付着させ擬態する。体にいろいろつけたがるジュズダニの仲間も地衣類をよく利用するようだ。多くの人が気にもとめない存在である地衣類を擬態に使われると、目を凝らさなければなかなか気づけない。

ウメノキゴケのような葉状地衣類では、偽根の間にフサヤスデのほか、トビムシやダニなどの小さな生き物が入り込んで住処として利用している。地衣類や苔がそこにあるだけで表面積の増加と隙間ができ、小さな生き物が暮らすことのできる空間が生まれる。

街なかの乾燥した場所まで進出したギンゴケなどの一見何もいそうにない苔にも、乾燥耐性生物（クマムシなど）が生息している。

街なかで苔を探すと、水の流れをコントロールする人工的な環境を巧みに利用し、その水の通り道に点在しているのが見えてくる。人の暮らしをちゃっかり利用している苔たちに日常で気づくと、「いいとこ見つけたな」とほっこりと気分がよくなるが、そこに小さな生き物が生きているとわかると、いっそう楽しい気分になる。

あまり自然が豊かでない場所でも、そんな小さき者たちのオアシスを発見するとどんな生き物が住んでいるのかと探すようになった。

苔や地衣類は「見えているのに見えない」存在である。それは小さくて見えないトビムシやダニとはまた別の「見えない」だが、その存在に気づけるようになると自分が認識する世界がぐっと広がる。誰も観ていない未踏の大自然はすぐそこにあるのかもしれない。

第4章

# 地上と地下のドラマ

落ち葉の中で青く蛍光するヤットコアマビコヤスデ（体長約50ミリ）。ヤスデの中には紫外線の照射により強く蛍光する種類がいる（石垣島11月）

# 地面の上は大にぎわい

公園のタイルという身近な地面でも、土がないのに意外と生き物が見られる。タイルに落ちた花粉を食べるカベアナタカラダニ（体長約１ミリ）。そこへ突然、別のカベアナタカラダニが花粉を奪いにきて、取っ組み合いの喧嘩になってしまった。だが喧嘩で花粉が２つに割れると、並んで食べ始めた（山梨６月）

3

4

5

雨の後、濡れた落ち葉で見られる小さな陸貝ゴマオカタニシ（体長約２ミリ）。黒い眼をあまり殻（から）から出さないで動くことが多く、なんだか眠そうに見える（山梨４月）

梅雨の時期、湿った石を進むムシオイガイの一種（体長約５ミリ）。みずみずしい柔らかな軟体部からは不釣り合いなアンモナイトの化石のような貝殻を持つ（山梨７月）

筋の入った米俵のような貝殻を持つタワラガイ（体長約3.5ミリ）。実は肉食の貝類でゴマガイなど他の貝類を捕食する（山梨５月）

落ち葉を進むケシガイ（体長約1.5ミリ）。陸貝ではとても小さな種類で、雨上がりに落ち葉を丁寧に観ると見つかる。ケシガイの眼は触角の付け根に長細くあり、触角の動きや観る方向によって困ったり、笑ったりするように見えて面白い（山梨５月）

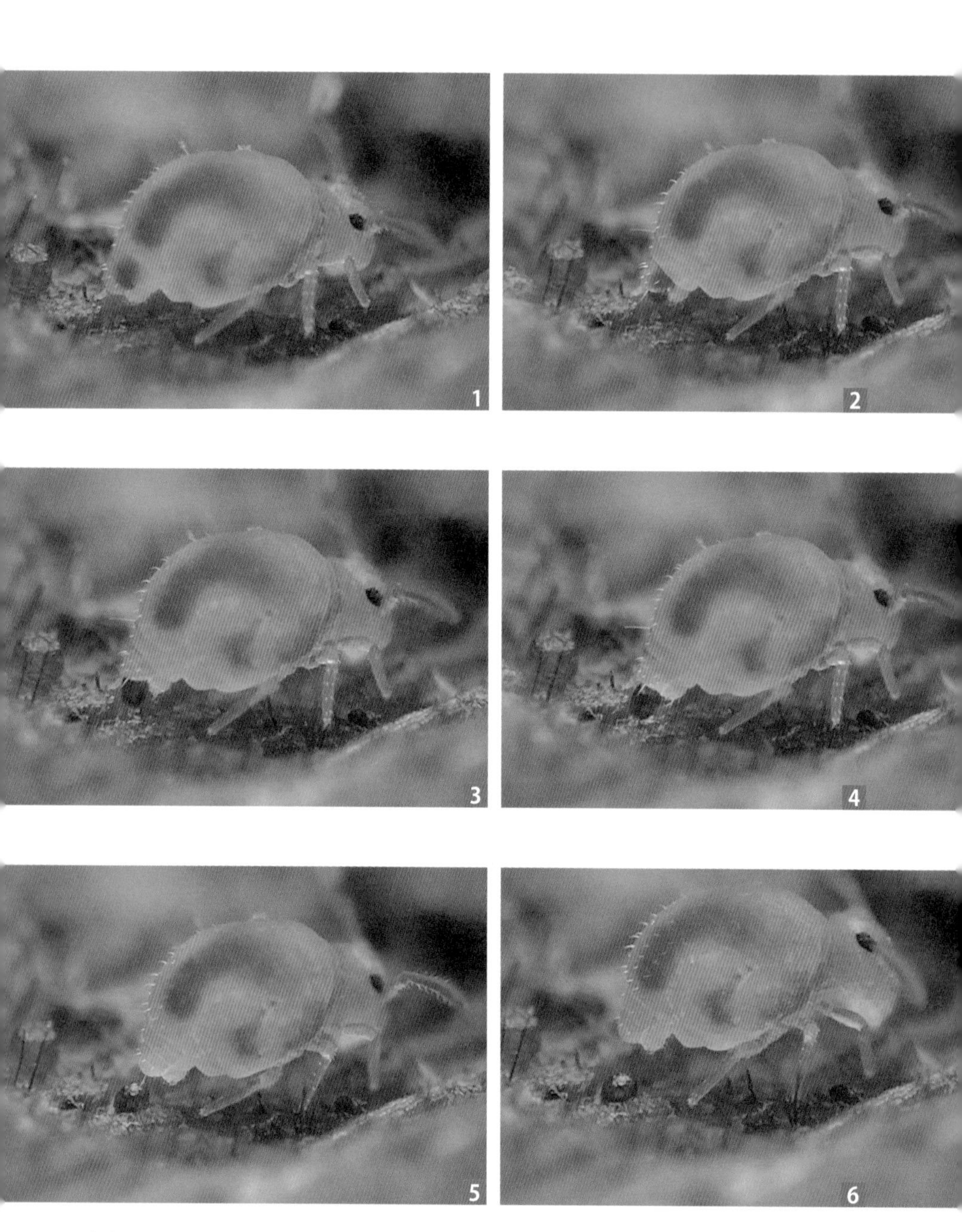

食事中のヒメマルトビムシの一種（体長約１ミリ）。体に透けて見えている黒い影は取り込んだ食物で、それが肛門のあたりに来ているなと見ていたら、プリッとウンチを出した。マルトビムシ類が食べ歩いている場所には、このような糞(ふん)がコロコロと落ちているのをよく見かける（山梨11月）

落ち葉に表面がつぶつぶした餅(もち)のようなものがあるなと撮っていたら、にゅっと目玉が出てきて驚いた。このとき初めて見たこの生き物はイボイボナメクジの一種。一般的なナメクジとはグループの異なるホソアシヒダナメクジ科に属する貝類。体を長く伸ばすと体長約20ミリ。他の貝類を襲って食べる肉食性だ（山梨11月）

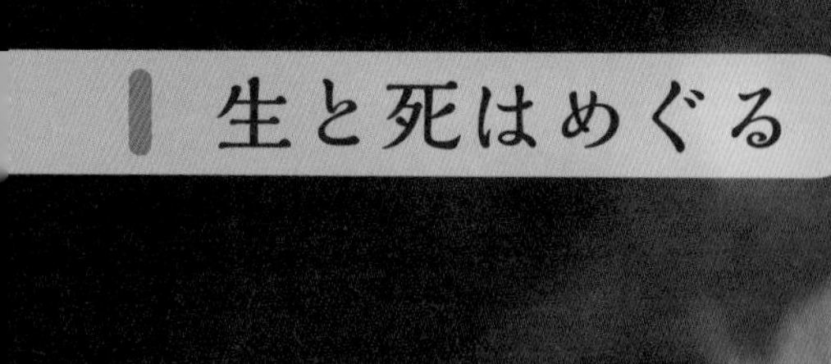

# 生と死はめぐる

落ち葉の中に埋もれていたクルミの殻。ネズミが食べてあいた穴に菌糸が張り巡らされ、その中で小さなクモがシロトビムシを捕らえていた。菌糸を食べに来た獲物を狩る場所として都合のいい住居（山梨３月）

木の根元に遺るイノシシの頭骨。山の地面の上ではさまざまな「死」を見ることができる。骨には苔が生え、トビムシがチョロチョロとしていた。隙間にはヤスデが隠れていることも。死は小さな生き物たちに次々と利用されていく（山梨５月）

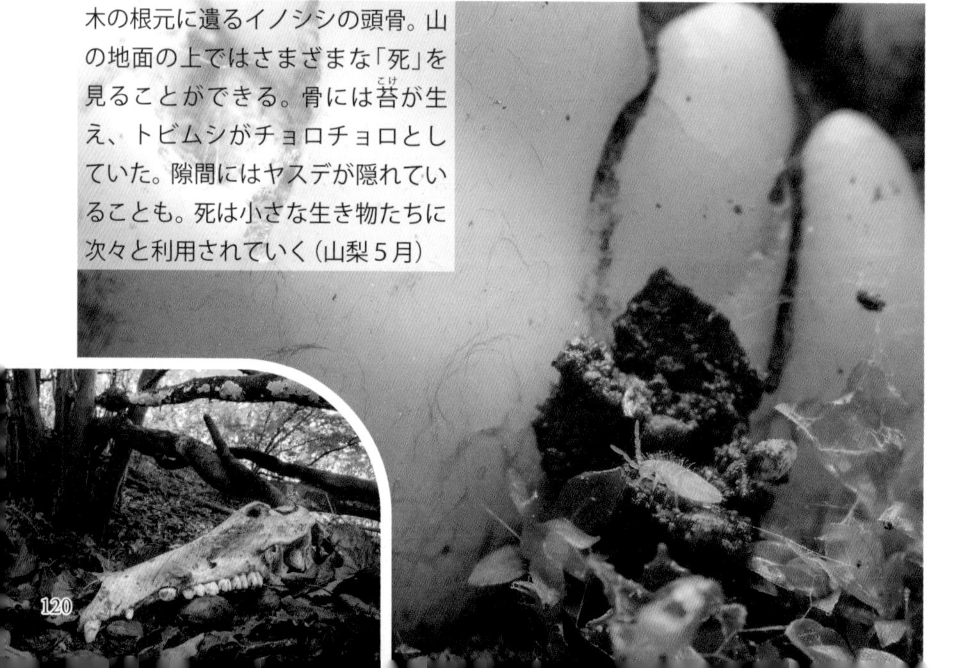

落ち葉に埋もれた、割れたカタツムリの亡骸の中には小さなカタツムリ（おそらくベッコウマイマイの一種。体長約４ミリ）が隠れていた（山梨５月）

カタツムリの貝殻の斜塔、その螺旋通路を登るクモマルトビムシの一種（体長２ミリ弱）。殻についている菌糸を食べていたのかもしれない（岩手６月）

# 落ち葉の下でも雪の上でも

落ち葉の季節。地面も色づき、小さな生き物を観るのも楽しくなる。鮮やかな新しい落ち葉の表面をトビムシたちが忙しそうに齧(かじ)っていた（山梨10〜11月）

左：落ち葉の下で丸くなっていた発色のよいミミズの一種。寒いとミミズも丸くなるのだなと親近感が湧いた（山梨３月）。右：石の下などでよく見られる小さなミミズであるヒメミミズの一種（体長約10ミリ）。体が透明で中の食べたものが見えている。その様が動くヒキガエルの卵塊のようだ（山梨11月）

意外にも冬、雪の積もった山でも小さな生き物は見つかる。クモマルトビムシの一種が雪の上を移動中。雪上ではトビムシのほかにも、クモや昆虫などの比較的大きな生き物が見つかることもある（山梨２月）

# 小さな“王蟲（オーム）”たち

上：透明なダンゴムシ…ではなく、ダンゴムシの脱皮殻。脱ぎたてなのか、きれいで生きているように見えた。下：すぐそばにいた模様のあるコシビロダンゴムシの一種（体長約7ミリ）。脱皮殻はおそらくこのダンゴムシのもの（三重5月）

海岸域の土壌で暮らすノトチョウチンワラジムシ（体長４ミリ弱）。背はステゴサウルスの骨板をひかえめにしたような構造でゴツゴツしている。頭部にはコブがあり（上）、トリケラトプスのような恐竜を思い浮かべてしまう（和歌山４月）

眼がなく、硬い外殻を持つエビガラトビムシ（体長約４ミリ）。このトビムシはダンゴムシほどではないが体を丸めることができる。生き物は硬い体を持つと丸くなる行動をしがちになるのだろうか…（岐阜３月）

左：今まで見たゴミツケタカラダニで一番大きく丸かった個体。つついても動じず断固として動かなかった（和歌山４月）
下：海岸林で見られたゴミツケタカラダニの一種（体長約２ミリ）。体に生える毛など表面の感じが揚げ物のようで、丸い個体はカレーパンのよう。

上：一見ダニのように見えるスズキダニザトウムシ（体長約２.5ミリ）。一般的な地上でよく見るザトウムシは脚が細長いが、石下などの狭い空間で生活するからか脚が短い。頭の方で眼のように出っ張っているのは臭腺丘（しゅうせんきゅう）という部分で眼はない（山梨２月）
中：脚に綿のような毛が生えているケアシザトウムシ（体長約１ミリ）。国内では最小級のザトウムシ（山梨３月）
下：光を受けて妖しく青い脚を魅せるマシラグモの一種（体長約1.3ミリ）。透明な脚は構造色で光を受ける角度によって青く見える（山梨５月）

# 不思議な体が魅力的

宇宙人のような大きな眼が特徴のヒメマメザトウムシ（体長約1.5ミリ）。左はアブラムシの一種を捕らえたところ。土壌動物はほとんど眼が退化したものが多い印象だが、獲物を発達した眼で見て捕らえるタイプの捕食者（山梨６月）

寒い時期によく見られる鮮やかで艶のある赤色のツノカニムシの一種（体長約４ミリ）。カニムシの仲間は狭い場所に適した捕食者（山梨12月）

パワータイプという感じの太いハサミを持つオオヤドリカニムシ（体長５ミリ強）。ネズミなど土中に住む哺乳類の体につかまって便乗し移動することが知られている（岩手６月）

ヤットコアマビコヤスデ（体長約50ミリ）をUVライト（紫外線）と通常のLEDライト（可視光）で照らしたものの比較。紫外線を受けると黄色くない部分が青く蛍光する。ババヤスデ科のヤスデは特に強い蛍光をする（石垣島11月）

ヤエヤマサソリ（体長約30ミリ）を同様にUVライトとLEDライトで照らしたものの比較。八重山諸島などに生息する日本で見られるサソリの仲間も紫外線で強く蛍光する。これらの生き物がなぜ蛍光するのかは詳しくわかっていないが、どんな生き物が蛍光するのかを発見するのも楽しい（石垣島11月）

解説4

## 生き物の生と死が交錯する地面

地面の上には何があるだろうか？　森には落ち葉や倒木などの植物遺体が地表を覆っていて、ところどころにきのこなどの菌類や苔が生えている。地面にはそれ以外にも積み重なる石、堆積した落ち葉の層の中の世界が存在し、そこにはふだん見慣れない姿の土壌動物たちが暮らしている。

そんな土壌動物を探すために地面の上を見続けていると、まれに動物の死骸を発見することがある。フクロウに狩られたと思われるノウサギの死骸にカメラを設置して定点観察を試みたことがあった。すると、数日のうちにタヌキやテンといった獣たちが次々現れて、すぐに死骸を持ち去ってしまった。

ほかにもカケスやヤマドリといった野鳥の死骸も同様に試したが、すぐに消えてしまう。唯一長めに定点観測できたマムシの死骸も、ヨツボシモンシデムシという死肉に集まる昆虫が来て、地面にすばやく埋めてしまった（その死肉に卵を産み育てるため）。

このように動物の死骸は植物遺体と違い、ほかの動物たちによってすぐに処理されてしまう。

一方、どこかに持ち去られた死骸でも骨は残り、外骨格を持つ節足動物や貝類の死骸も同様にその外殻を残しやすい。そうして残った骨や殻は時間をかけて処理されるが、小さな生き物の住処となり１つの世界を見せてくれることもある。

地面には、乾いた石の上で花粉を食べるダニ、湿った落ち葉層で暮らす貝類、きのこの生える朽ち木に集まるトビムシとそれを食べるクモ……と、ほんの数歩の狭い空間にさまざまな小さな生き物たちが暮らす世界が点在している。

さまざまな死と、それを利用する異形の者たちの生き様や異世界のような空間に出会える場所なのである。

第5章

# 土と水をつなぐ

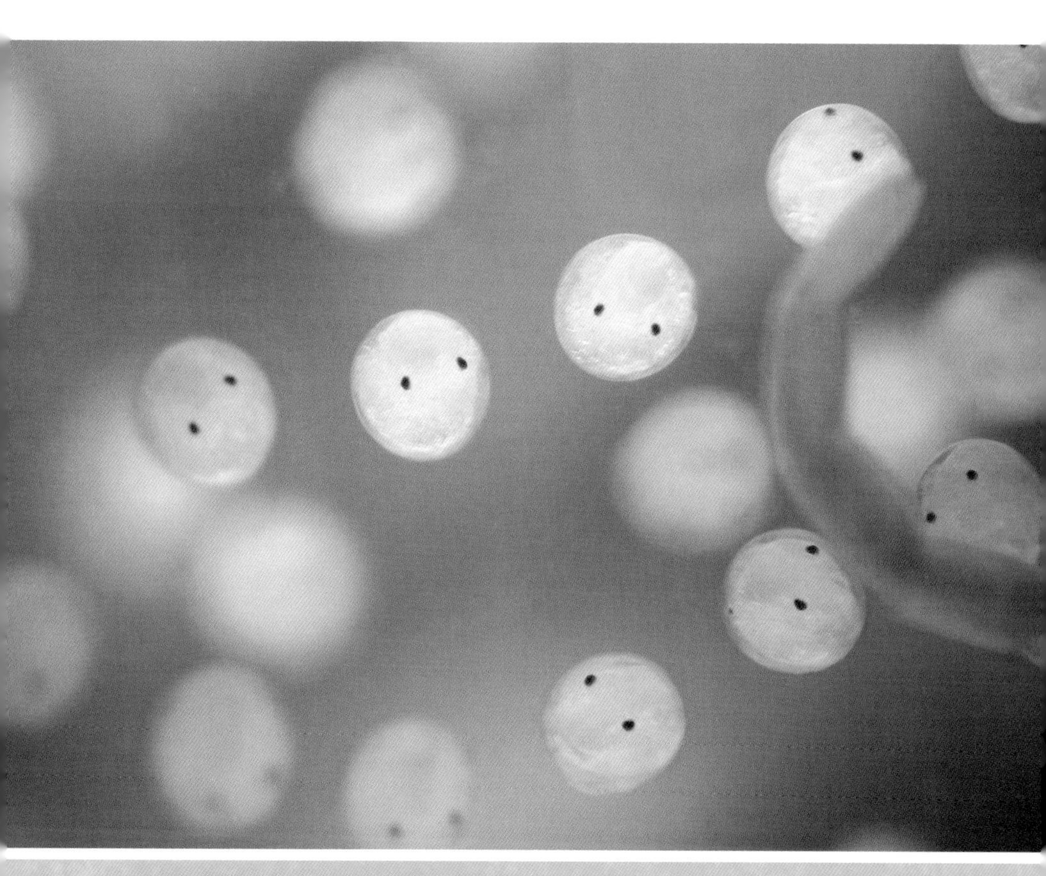

水生昆虫トビケラの卵塊。ニコニコマークのような丸いものは孵化（ふか）を待つ小さな命たち（山梨８月）

# 水辺の天使 オドリコトビムシ

オドリコトビムシを含むマルトビムシ類は、口から出した水球を使って体を拭き取るような動きをする。このオドリコトビムシはその頻度が高かった。菌が繁殖しやすい高湿度な環境ゆえ、体を清潔に保つ必要があるのかもしれない（山梨11月）

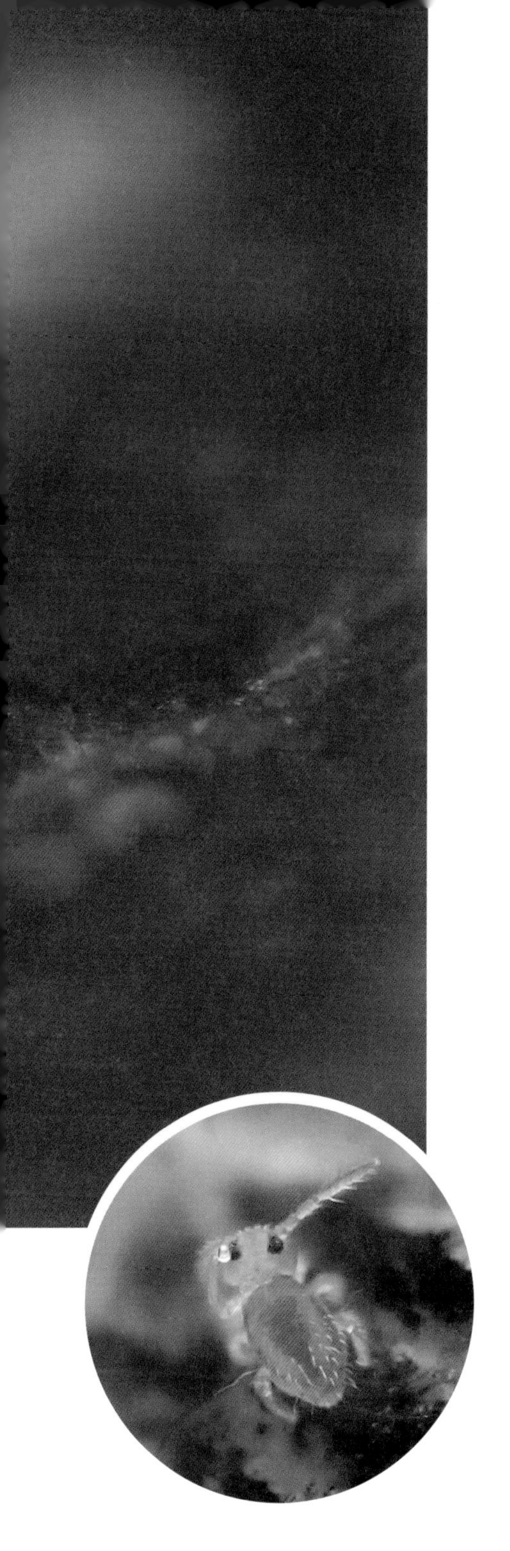

上：斜面から水が染み出る場所。水分量の多い土壌特有の小さな生き物が生息している（山梨８月）。中：濡れた落ち葉を歩くオドリコトビムシの一種（体長0.5ミリ前後）。小さな湿地帯でよく見られるトビムシ（山梨10月）。下：落ち葉の上に集まっていることもあり、みんなで落ち葉の表面を食べ歩いている（山梨10月）

濡れた落ち葉の上を進むオドリコトビムシ。水の上を器用に歩ける（山梨10月）

落ち葉の上のオドリコトビムシ。なにやら様子がおかしいなとよく観ると、体が膨らみ菌糸のようなものが出ていて動かなかった。周囲にも同じように菌に侵されたオドリコトビムシがたくさん…。彼らにとっては恐ろしい流行り病だろうか（山梨11月）

雄（上右の小さい方）が雌の触角をつかむ求愛行動をするオドリコトビムシの一種、ミズマルトビムシ（体長0.5ミリ前後）。雄の触角には雌の触角をつかむのに用いられる把握器（はあくき）がある。「オドリコ（踊り子）」の名は、この雌雄が向かい合う様子がダンスを踊っているように見えるため（東京12月）

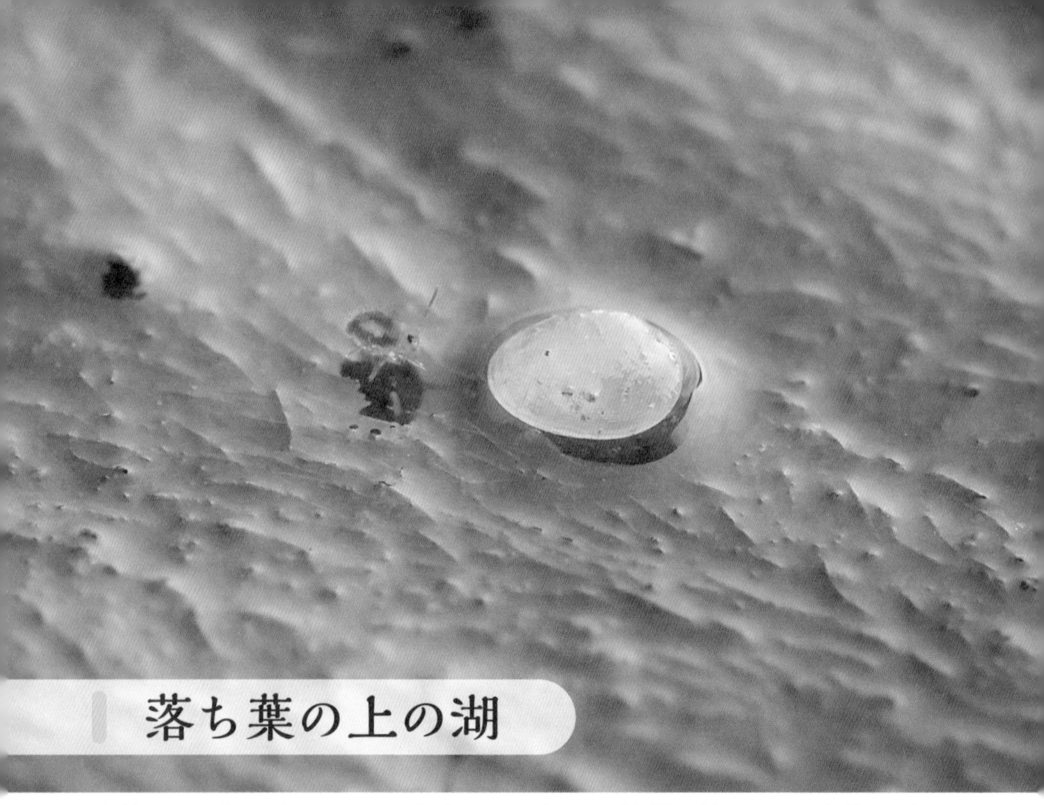

# 落ち葉の上の湖

オドリコトビムシと小石…ではなくマメシジミの一種（体長約1.2ミリ。山梨10月）

マメシジミの殻から出てきた透明な軟体はマメシジミの足。この足を
伸ばしてから殻を引き寄せることで移動していく（山梨４月）

落ち葉をゆっくりと進む三葉虫（さんようちゅう）のような見た目のチビマルヒゲナガハナノミの幼虫（体長約５ミリ）。ヒラタドロムシ科に属する甲虫（こうちゅう）の仲間（山梨３月）

水が薄く流れる岩壁に張りつくマルヒゲナガハナノミの幼虫（体長約６ミリ）

左の腹側。このグループの幼虫は背面から見ると古生物のようだが、ひっくり返すと３対（つい）の脚があり昆虫だとわかる（山梨６月）

濡れた落ち葉についた小石がかすかに動く。貝類かなとよく観ると、カタツムリの殻のような渦巻き状に作られた砂粒の集合体。カタツムリトビケラの巣だ（直径約２ミリ。山梨10月）

ヤドカリのように巣から顔を出し、落ち葉の主脈（しゅみゃく）を乗り越えるカタツムリトビケラ。トビケラの仲間の幼虫は種類ごとに石や落ち葉などを使って巣を作ることで知られる。カタツムリトビケラは砂粒を器用に使って作る

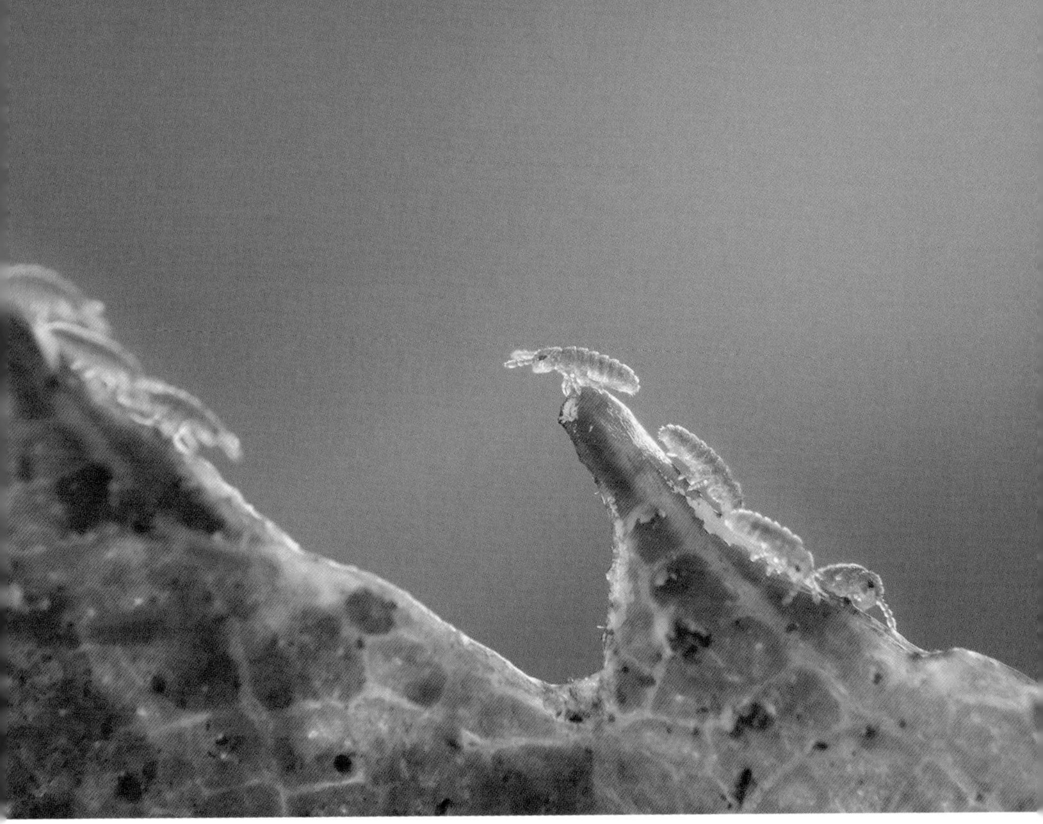

小さなトビムシの集団が次々と濡れた落ち葉の先に登ってはジャンプしていく。それを繰り返してここから分散していくのだろう（山梨10月）

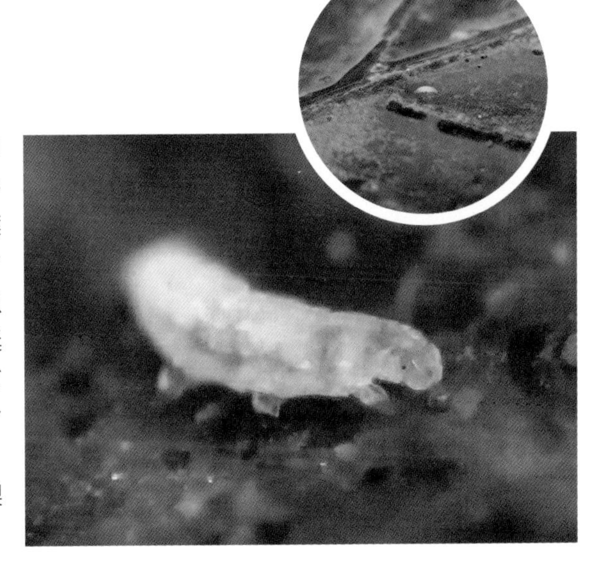

濡れた落ち葉にはモニョモニョとした得体の知れない生き物が見られる。落ち葉についている白い点はクマムシの一種（体長１ミリ以下）。苛酷な環境を生き延びることから最強生物などともいわれる。これはクマムシの中では大きい方で、肉眼でも認識できる（山梨３月）

ナミウズムシ（体長20～35ミリ）のマンガのような眼は杯状眼（はいじょうがん）と呼ばれる。黒目は光を感知するだけの単純なつくりだが、白目の部分がくぼんでいるため光の方向がわかる仕組み。この写真を撮るとき、光の方向を避けるように進んでいた（山梨10月）

眉毛があるようなユーモラスな顔のマミズヒモムシの一種（体長６～10ミリ）。こう見えても捕食者で、毒針のついた長い吻（ふん）を吹き出して獲物を捕らえる（山梨11月）

上：土壌から小さな湿地帯へと現れたウデナガダニの一種（体長１ミリ以下）。長い第１脚をダウジングするように左右に揺らしながら移動し、体表面の網目構造も特徴的。右：落ち葉にできた水たまりでハエ目の幼虫を捕まえた。長い第１脚はあくまでもセンサーなのか、獲物を捕らえるときにはまったく使わなかった（山梨12月）

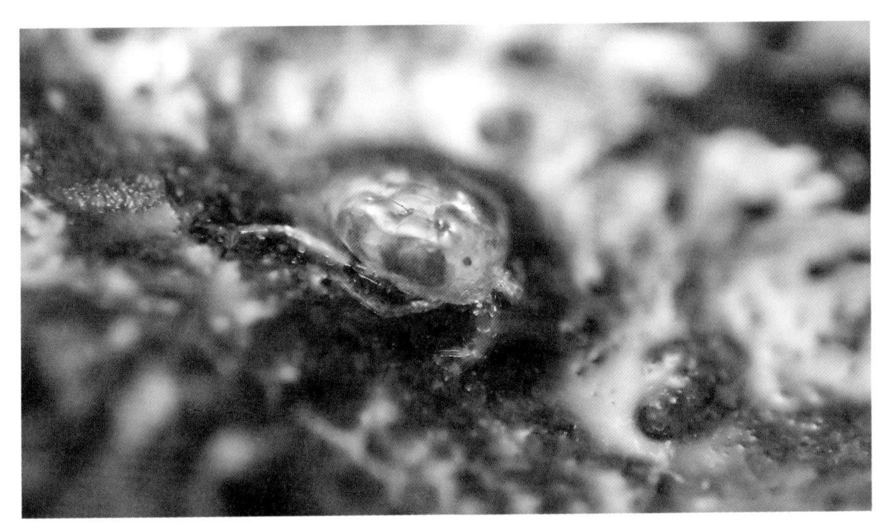

水の中での暮らしに適応した体を持つミズダニの一種（体長約１ミリ）。幼虫期は水生昆虫などの水生生物に寄生し、成長すると自由生活をする（山梨４月）

# 流水域の生き物たち

上：サワガニは渓流沿いや山間の湿地帯に生息するが、夜間や雨の後などは陸上の意外な場所でも見られる
下：夜、沢から少し離れた倒木できのこを食べるサワガニ。雑食性で動物の死骸や木の実などさまざまなものを食べ、水域のみならず陸上の生き物とも多く関わっている（山梨７月）

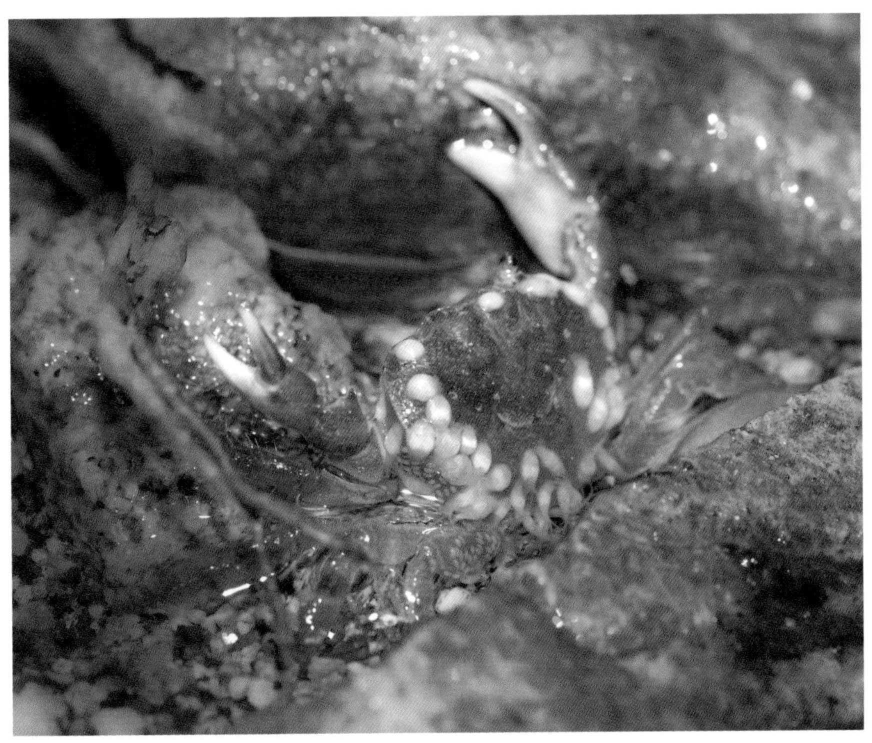

九州南部に生息するミカゲサワガニ。体に白いものがたくさん付着している（鹿児島４月）

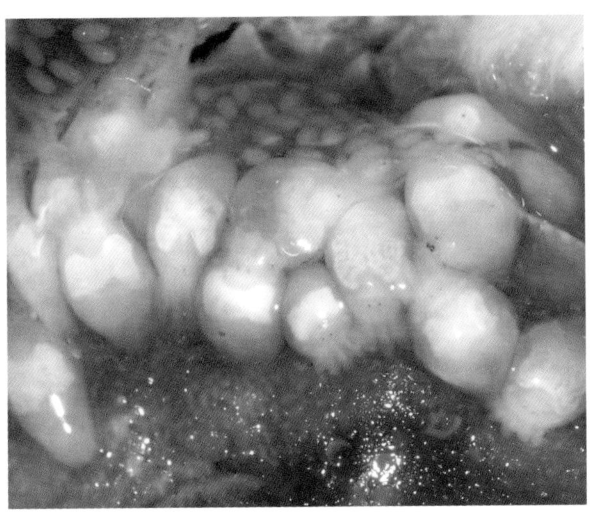

カニの体にくっついた額に湿布を貼ったイカのようなものたちは、ヤドリイツツノムシの一種（体長２～５ミリ）。カニの表面につく藻類や他の小動物、カニの食事によるおこぼれ等を食べて共生している。なんだか巨大ロボットに搭乗しているようでうらやましい（鹿児島４月）

沢の流れの途中、水しぶきのかかる切り立った岩肌にくっついていたゼリー状の袋（約10〜15ミリ大）。水生昆虫トビケラの卵塊（らんかい）だ（山梨８月）

卵塊の内部にいる長いものは孵化（ふか）したトビケラの幼虫ではなく、ヌカカ科の一種の幼虫と思われる別の生き物。ただ居候するだけでなくトビケラの幼虫を捕食する可能性もある。ゼリー質の卵塊で守られ、餌もあるなら都合がよい（山梨８月）

これは流木に産みつけられたトビケラの卵塊を襲うジョウカイボン科の幼虫。卵をゼリー質で包み水上のものに産みつけて、水中や陸上の捕食者から逃れようとする工夫だが、それをかいくぐる捕食者はやっぱり存在する（山梨10月）

# 陸域と水域のつながり

キヌガサタケを食べるマダラカマドウマ（体長約30ミリ）。カマドウマの仲間は山中でさまざまなものを食べる雑食性で、森の掃除屋のような存在。いわば森の資源の集合体であるカマドウマにハリガネムシやシヘンチュウが寄生し、カマドウマを操って水域へ導き入水させる。これが沢で暮らす魚類の重要な餌資源になっている（山梨９月）

沢に浮かぶカマドウマ。秋になるとハリガネムシに寄生されたカマドウマたちが沢に誘導され、日に日にその水死体が増えていく（山梨10月）

浮島となったカマドウマの上に、どこからか流されてきたトビムシたちが漂着した。このカマドウマが岸へと流れ着けばよいが…（山梨10月）

カマドウマの中から出てきた虹色の光沢を放つハリガネムシ（もしくはシヘンチュウ）。ハリガネムシは水中で雌雄が出会い交尾し産卵する。その後、孵化した幼生は水生昆虫に入り込み、いったん休眠する。その宿主が羽化して陸域へ広がると、今度はそれを食べたカマドウマに移り体内で成長し、誘導して再び水域へ戻るというサイクルで、昆虫を乗り物にして陸と水中を行き来する（山梨10月）

林の中の水たまりに水浴びにやってきたオオタカ。この場所にいるオドリコトビムシたちとも何らかの形で関わっているのかもしれない（山梨７月）

ムササビが水を飲むために珍しく木から降りてきた貴重な写真。植物食のムササビは、広葉樹の葉が落ちて少なくなる冬期には植物から得られる水分が減り、水を飲みに来る必要があるのかも。水辺との接点がなさそうな生き物も意外と利用している（山梨１月）

夏、水たまりに浸かり涼をとるニホンアナグマ。獣たちが暑さをしのぐ休憩スポットとして水辺は使われる。なぜかアナグマやハクビシンは水辺で用を足すことが多い（山梨７月）

山中の水たまりに落とされたアナグマやハクビシンの糞(ふん)を食べるモリアオガエルのオタマジャクシたち。この糞に含まれる未消化の種子や植物片がありがたい食料となる（山梨７月）

このツチガエルはずっと動かなかったのか、ツチトビムシの一種に体の上まで登られていた。鼻先の白いものはおそらくここで脱皮したトビムシの脱皮殻。カエルもまた水域と陸域をつなぐ存在。陸上で小さな生き物を食べて育ち、再び水域へと繁殖しに戻ってくる（静岡５月）

解説5

## 混ざり合う境界の世界、つなぐ生き物たち

土壌と隣接する水場は、その環境に特有の小さな生き物たちが生息している。陸と水（草地と森林、日陰と日向など）の２つの異なる環境が少しずつ混じり合いながら接する場所をエコトーン（移行帯）という。

この陸と水とのエコトーンに特有なトビムシがオドリコトビムシの仲間だ。目を凝らして１ミリに満たない小さなオドリコトビムシたちを探していると、さまざまな種類の生き物が視界に入ってくる。

陸と水の２つの環境のあいまいな境界に位置するため、陸に住むもの、水に住むもの、エコトーンに住むもの、それぞれの環境を行き来するもの……と、見られる生物が多様になる。小さな生き物も例外ではなく、初めて観察する場所では、どのグループに属するのかもよくわからない魑魅魍魎といった正体不明な生き物たちが続々と姿を現すこともある。

このような生物が多様な場所では、それを利用した生き方をするものたちも存在する。水辺に適応したミズダニ類は種類ごとにエコトーンで見られるさまざまな水生動物と関係を持ち、おもに幼虫期に寄生して水を離れる。トンボなどの移動能力のある水生昆虫に寄生すれば、そのまま新天地へ連れていってもらえるだろう。

カマドウマに寄生して水辺に連れてくるハリガネムシも多様に混ざり合う環境を利用している一種。ハリガネムシに操られたカマドウマは泳げずに溺れて死んでしまう。宿主の体内から出たハリガネムシは水中で交尾・産卵する一方、カマドウマの死骸は渓流で暮らす魚たちの重要な栄養源になっていることも知られている。

小さな視点で環境間や生物間のやりとりを意識すると、無数のつながりが見えてくる。単純な好き嫌いとは別に、それぞれの生き物がかけがえのないものになっていく感覚が芽生えるのが心地よい。私はできるだけ細かくその「つながり」を観ていきたい。

## 小さな生き物代表「トビムシ＆ダニ」のすごさ！

### ■トビムシ

節足動物門内顎綱トビムシ目に属する。体長は２ミリ程度（0.3～５ミリ程度のものもいる）。多くの種が尾部に跳躍器という緊急離脱装置のようなトビムシ固有の器官を持つ（イボトビムシなど跳躍器が退化した種もいる）。この跳躍器は普段は腹の下に畳まれており、危険を感じると筋肉の収縮を利用してバネのように地面に打ちつけられ、その反動を利用して跳ねる。この特徴にちなんで「跳び虫」という名がつけられた。肉眼で見るとまさに瞬間移動で、跳ねるというよりパッと“消える”感じ。跳躍器が退化していても、忌避物質を出して化学防御できる種もいる。国内では約400種が知られており、グループごとに体型と色や模様が異なる。

### ■ダニ

節足動物門鋏角亜門クモガタ綱に属する。体長はほとんどが１ミリ以下。害虫のイメージがあるが、マダニなど吸血性の種は全体のごくわずかで、他の小動物を捕食するもの、落ち葉を食べるもの、菌類を食べるものなど、種により食性はさまざま。標高3000メートルを超える高山から深海まで、小さい体であることを利点にして地球上のあらゆる環境に入り込んで繁栄している。国内では2000種以上が知られている。じつは人の顔にもニキビダニというダニが棲んでいて、われわれ人間と生死を共にする仲である。
ダニが他の生き物を利用するだけでなく、ダニも利用されることがある。中南米に生息する強力な毒を持つことで知られるヤドクガエルは、その毒成分をササラダニ類から摂取し生物濃縮して利用している。また、ミモレットというチーズはその熟成にチーズコナダニが用いられており、人間もダニを利用している。さまざまな生き物の生活に入り込んでいるダニには、まだまだ謎が隠されているかもしれない。

## ムラサキトビムシ科

ムラサキトビムシの一種

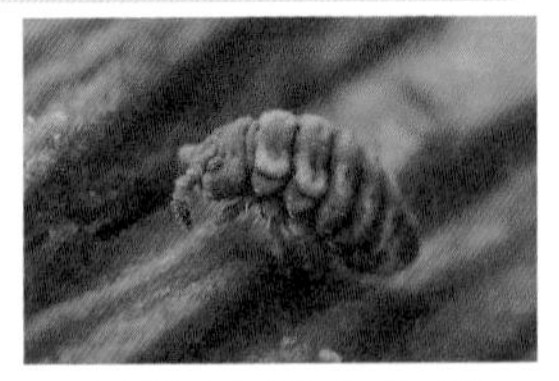

ムラサキトビムシの一種

## シロトビムシ科

シロトビムシの一種

エビガラトビムシ

## ヒシガタトビムシ科

ヒシガタトビムシの一種

ヒシガタトビムシの一種

## イボトビムシ科

イボトビムシの一種

イボトビムシの一種

イボトビムシの一種

イボトビムシの一種

## ツチトビムシ科

ツチトビムシの一種

ツチトビムシの一種

## トゲトビムシ科

トゲトビムシの一種

## キヌトビムシ科

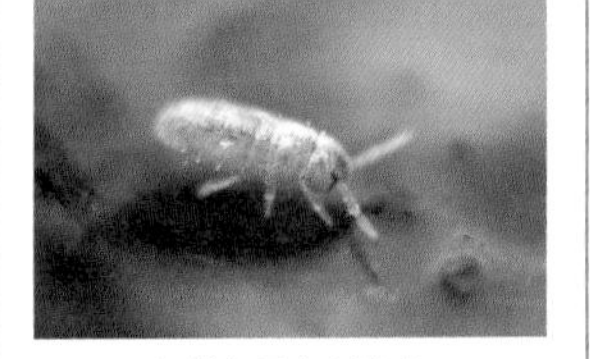

カギキヌトビムシ

## オウギトビムシ科

ヤマトオウギトビムシ

## アヤトビムシ科

アヤトビムシの一種

アヤトビムシの一種

ハゴロモトビムシの一種

## ミジントビムシ科

ミジントビムシの一種

## オドリコトビムシ科

ミズマルトビムシ

## ヒトツメマルトビムシ科

ヒトツメマルトビムシの一種

ヒトツメマルトビムシの一種

## ヒメマルトビムシ科

モンツキヒメマルトビムシ

ハケヅメマルトビムシ

## マルトビムシ科

マルトビムシの一種

ヤマトフトゲマルトビムシ

オウギマルトビムシ

## クモマルトビムシ科

ミツワマルトビムシ

チャマダラマルトビムシ

コンボウマルトビムシの一種

## トゲダニ目

ユメダニの一種

トゲダニ目の一種

ヤリダニの一種

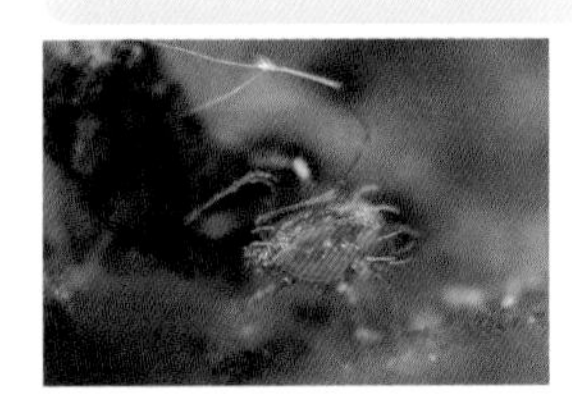
ウデナガダニの一種

イトダニの一種

## マダニ目

タカサゴキララマダニ

## ケダニ亜目

ケダニの一種

ゴミツケタカラダニの一種

テングダニの一種

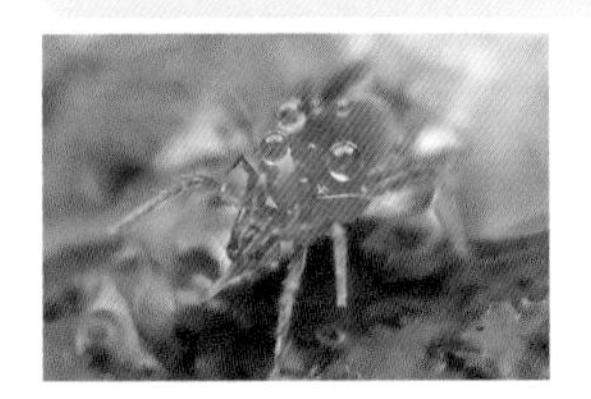
オソイダニの一種

アギトダニの一種

ミドリハシリダニの一種

テナガハシリダニの一種

ヨロイダニの一種

ハモリダニの一種

ヤリタカラダニの一種

ナミケダニの一種

ツツガムシの一種

## ササラダニ亜目

マイコダニ

ヘソイレコダニの一種

イレコダニの一種

ジュズダニの一種

ジュズダニの一種

ザラタマゴダニの一種

ササラダニの一種

クモスケダニの一種

エリナシダニの一種

ドビンダニの一種

ダルマヒワダニの一種

## コナダニ小目

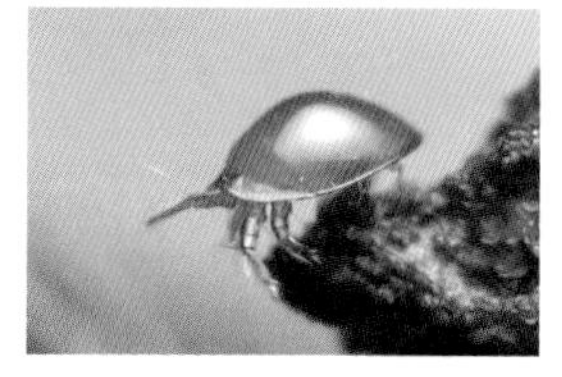
コナダニの一種(ヒポプス)

## 参考文献・謝辞

須摩靖彦(2009)「日本産トゲトビムシ科の分類」,Edaphologia (84)/田中真悟(2010)「日本産イボトビムシ科の分類」,Edaphologia (86)/新島溪子・長谷川元洋(2011)「日本産ツチトビムシ科(昆虫綱:トビムシ目)の分類1.ナガツチトビムシ亜科およびヒメツチトビムシ亜科」,Edaphologia (89)/長谷川元洋・新島溪子(2012)「日本産ツチトビムシ科(昆虫綱:トビムシ目)の分類(2)ツチトビムシ亜科」,Edaphologia(90) /伊藤良作・長谷川真紀子・一澤圭・古野勝久・須摩靖彦・田中真悟・長谷川元洋・新島溪子(2012)「日本産ミジントビムシ亜目およびマルトビムシ亜目(六脚亜門:内顎綱:トビムシ目)の分類」,Edaphologia (91)/長谷川真紀子・田中真悟(2013)「日本産イボトビムシ科(六脚亜門:内顎綱:トビムシ目)の分類2. サメハダトビムシ亜科,ヒシガタトビムシ亜科,シリトゲトビムシ亜科およびヤマトビムシ亜科」,Edaphologia (92)/中森泰三・一澤圭・田村浩志(2014)「日本産ミズトビムシ科およびムラサキトビムシ科(六脚亜門:内顎綱:トビムシ目)の分類」,Edaphologia(95)/古野勝久・須摩靖彦・新島溪子(2014)「日本産シロトビムシ科(六脚亜門:内顎綱:トビムシ目)の分類」,Edaphologia(95)/片岡万柚子・矢野倫子・中森泰三(2020)「変形菌とトビムシの相互作用に関するこれまでの知見」,Edaphologia (107)/安倍弘・大庭伸也(2016)「日本の水生動物に寄生するミズダニ類(Acari:Hydrachnidiae and Stygothrombiae)」, 日本ダニ学会誌 25(1)/大川内浩子・上野大輔・宮崎亘・亀崎直樹(2013)「大隅半島産淡水性カニ類2種の体表に付着していた截頭類ヤドリイツツノムシ属の1種(ヤドリイツツノムシ科)」,Nature of Kagoshima 39/Sato T・Watanabe K・Kanaiwa M・Niizuma Y・Harada Y・Lafferty K. D.(2011)「Nematomorph parasites drive energy flow through a riparian ecosystem」,Ecology 92/Steenberg,C.M.(1938)「Recherches sur la metamorphose d'un Mycetophile Delopsis aterrima (Zett.) (Diptera, Nematocera)」Biologiske Meddelelser 14: 1.

青木淳一『日本産土壌動物 第二版:

分類のための図解検索』,東海大学2015/萩原康夫・吉田譲・島野智之ほか『土の中の美しい生き物たち』,朝倉書店2019/川上新一・新井文彦・髙野丈『変形菌 発見と観察を楽しむ自然図鑑』,山と渓谷社2022/『小学館の図鑑NEO きのこ』,小学館2017/井口潔・忽那正典ほか『アミガサタケ・チャワンタケ識別ガイド』,文一総合出版2021/盛口満・安田守『冬虫夏草ハンドブック』,文一総合出版2023/細矢剛・出川洋介・勝本謙・伊沢正名『カビ図鑑』,全国農村教育協会2010/大村嘉人『街なかの地衣類ハンドブック』,文一総合出版2016/大石善隆『じっくり観察 特徴がわかる コケ図鑑』,ナツメ社2019/川村多実二・上野益三『日本淡水生物学』,北隆館1973/西邦雄・西浩孝『宮崎県のカタツムリ』,黒潮文庫2018/皆越ようせい『写真で見る小さな生きものの不思議:土壌動物の世界』,平凡社2013/ミミズくらぶ・皆越ようせい『ずかん 落ち葉の下の生きものとそのなかま』,技術評論社2013/島野智之・長谷川元洋・萩原康夫『土の中の生き物たちのはなし』,朝倉書店2022/深澤遊『枯木ワンダーランド』,築地書館2023/盛口満『となりの地衣類―地味で身近なふしぎの菌類ウォッチング』,八坂書房2017/中島淳・大童澄瞳『自宅で湿地帯ビオトープ!生物多様性を守る水辺づくり』,大和書房2023/舘野鴻『しでむし』,偕成社2009/G. W. Krantz・D. E. Walter『A Manual of Acarology』,Texas Tech Univ Pr 2009

本書の原稿作成にあたり、写真の撮影、生物探索ならびに生息環境の情報提供において、大塚健佑、丸山正樹、山﨑陽平、吉田佳奈、吉田譲、渡邉智之(敬称略)の方々に多大なご協力を賜りました。ありがとうございます。
また、多くの種類の生き物を掲載するにあたり、参考文献だけではなくSNSなどでたくさんの方々から生き物に関する貴重な情報やアドバイスをいただきました。ご助力いただきましたすべての皆様に、この場を借りて厚く御礼申し上げます。

## 著者略歴

### ぺんどら

1983年に生まれ、愛知県と静岡県で育つ。山梨県在住。大学院(環境科学)において、カエルの食性についての研究で修士号取得。その中で観てきた生き物同士のつながりをテーマに大小さまざまな生き物の生態写真の撮影を始める。現在は環境調査の仕事のかたわら、YouTubeやSNSで生き物や自然の魅力を発信し、「にょろ蟲屋」という屋号で各地のイベントにて生き物のグッズ販売などの活動を行っている。書籍やTV番組などへの写真や映像の提供も多数している。
ぺんどらの名はオオムカデ属の学名scolopendraから。どんな生き物でも興味を持ってもらえるように、その魅力が伝わる写真を撮りたいという想いがある。

**足もとの楽園 ちっちゃな生き物たち**
2024年3月9日　第1刷発行

著者　ぺんどら
発行者　古屋信吾
発行所　株式会社さくら舎　http://www.sakurasha.com
〒102-0071　東京都千代田区富士見1-2-11
電話（営業）03-5211-6533
電話（編集）03-5211-6480
FAX　03-5211-6481　振替　00190-8-402060
装丁　石間　淳
DTP　土屋裕子（株式会社ウエイド）
印刷・製本　中央精版印刷株式会社


ISBN978-4-86581-416-3